航天器轨道理论与应用

张雅声 徐艳丽 杨庆 编著

清华大学出版社
北 京

内 容 简 介

航天器的运行轨道直接决定了航天器的任务区域、观测几何以及时间和空间分辨率。本书围绕航天器轨道，讨论了满足地面遥感、卫星通信、卫星导航等传统航天任务的绝对轨道设计方法，介绍了面向在轨服务等新型航天任务需求的相对轨道设计方法，力图向读者系统、全面地介绍航天器轨道理论和技术。

本书可供航天器轨道设计的科研工作者参考，也可以作为航空宇航学科的研究生教材和本科生参考教材。

图书在版编目（CIP）数据

航天器轨道理论与应用/张雅声，徐艳丽，杨庆编著. —北京：清华大学出版社，2020.7 (2024.3重印)
ISBN 978-7-302-55975-7

Ⅰ. ①航… Ⅱ. ①张… ②徐… ③杨… Ⅲ. ①航天器轨道 Ⅳ. ①V412.4

中国版本图书馆 CIP 数据核字(2020)第 120759 号

责任编辑：戚 亚
封面设计：刘艳芝
责任校对：王淑云
责任印制：沈 露

出版发行：清华大学出版社
网 址：https://www.tup.com.cn, https://www.wqxuetang.com
地 址：北京清华大学学研大厦 A 座 邮 编：100084
社 总 机：010-83470000 邮 购：010-62786544
投稿与读者服务：010-62776969，c-service@tup.tsinghua.edu.cn
质量反馈：010-62772015，zhiliang@tup.tsinghua.edu.cn
印 装 者：三河市君旺印务有限公司
经 销：全国新华书店
开 本：185mm×260mm 印 张：10 插 页：2 字 数：243 千字
版 次：2020 年 8 月第 1 版 印 次：2024 年 3 月第3次印刷
定 价：45.00 元

产品编号：085755-01

FOREWORD

航天器轨道是指航天器在太空中运行时质心的运动轨迹，简称“轨道”。航天器的运行轨道直接决定了航天器的任务区域、观测几何和可获得的时间和空间分辨率。自1957年第一颗人造卫星上天以来，人类不断探索航天任务与航天器轨道之间的关系，已经形成了较为成熟的航天器轨道理论和设计方法，能够支持地面遥感、卫星通信、卫星导航等不同类型的空间任务。近年来，随着航天技术的不断发展，新型需求，尤其是对空间在轨服务等领域的需求不断提出，使得航天器轨道设计的理论和方法不再局限于绕地球运行的“绝对轨道”，而将目光转向研究航天器相对于航天器，航天器相对于某一参考轨道的“相对轨道”，即航天器间的近距离相对运动。

本书共分为9章，其中：第1章主要介绍了空间和时间系统；第2～5章主要介绍了二体假设下的轨道形成机理、在空间的真实运行状态以及典型航天器轨道的设计方法和轨道机动方法；第6章重点介绍了航天器近距离相对运动，分别介绍了航天器编队设计方法和螺旋巡游轨道设计方法；第7章和第8章主要介绍了三体问题和月球探测轨道设计的基本方法；第9章则对当前出现的空间特殊轨道进行了简要的介绍，并分析了空间轨道技术的发展趋势。

在本书的编写过程中参考了国内外众多学者的学术成果，谨对这些学者表示由衷的感谢。教研室老师和同学们对本书也提出了宝贵意见，在此谨一并致谢。

作　者

2019年9月

目录
CONTENTS

第 1 章

空间与时间

航天器轨道是指航天器运行时质心的运动轨迹。研究航天器的运动，就是要研究航天器位置矢量随时间变化的规律。因此，必须首先明确时间和空间（决定了位置矢量的表述）的定义。

1.1 基本天文概念

1.1.1 天球

天球的概念来源于古典观测天文学。早期人类在观测太空时，认为自己处于一个球的中心，而日月星辰就像闪闪发光的宝石运行在一个距离自己同样远的固定球面上。事实上，日月星辰与我们的距离并不相等，比如月球距离我们约 38 万千米，太阳距离我们将近 1.5 亿千米。然而，直到今天，这种在球面上观察和研究天体位置和运动的方法在航天任务中仍然有非常重要的应用。

天球是以空间任意一点为中心，以任意长为半径做成的球体。天体与天球中心连线与天球的交点，被称为天体的"视位置"。由于天球是没有距离的概念的，因此天球上的两个天体之间的距离也无法用我们习惯的米、千米等长度单位描述，而通常用角距来描述，即相对于天球中心的张角。

天球的中心通常是地面的任意观测者，有时为了便于研究，也可以将地球中心或太阳中心设置为天球的中心，这时的天球被称为"地心天球"或"日心天球"。图 1.1 给出的是一个以观测者为天球中心建立的天球，点 S 为卫星在该天球上的某一瞬时的视位置。

天球具有圆球的一切几何特性，同样有大圆和小圆的定义。天球上的大圆是指任意一个过球心的平面与天球表面的交线，而小圆则是由不过球心的平面与天球表面所截得的圆。天球上的大圆相当于平面几何中的直线，是连接球面上任意两点的最短路径。

1.1.2 基本圈和点

以地心为球心作天球，过天球中心 O 作与地球自转轴平行的直线，这条直线称为"天

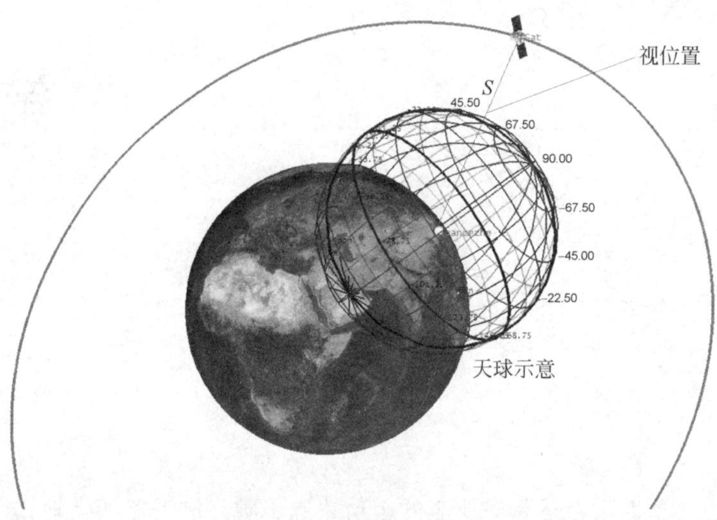

图 1.1　观测者天球

轴”。天轴与天球相交于两点 P 和 P'，分别称为“北天极”和“南天极”，与地球的北极与南极对应。过天球中心作一平面与天轴垂直，该平面称为“天赤道面”，天赤道面与地球赤道面平行。天赤道面与天球相交所截出的大圆称为“天赤道”，过两天极 P 和 P' 的大圆称为“赤经圈”，天球上与天赤道平行的小圆称为“赤纬圈”。

地球中心绕太阳中心公转的轨道可近似看作一条平滑的椭圆曲线，这条平滑曲线所在的平面称为“黄道面”。黄道面与天球相交的大圆称为“黄道”，黄道是太阳周年视运动轨迹在天球上的投影。黄道的两个几何极 K 和 K' 称为“黄极”，其中靠近北天极的 K 称为“北黄极”，靠近南天极的 K' 称为“南黄极”。黄道与天赤道的交角称为“黄赤交角”(ε)，$\varepsilon=23°27'$。

黄道面与天赤道在天球上交于两点，这两点称为“二分点”，太阳沿黄道从天赤道以南向北通过天赤道的那一点，称为“春分点”(图 1.2)，与春分点相对的另一点，称为“秋分点”。黄道上与二分点相距 90°的两点，称为“二至点”，位于天赤道以北的那一点，称为“夏至点”，

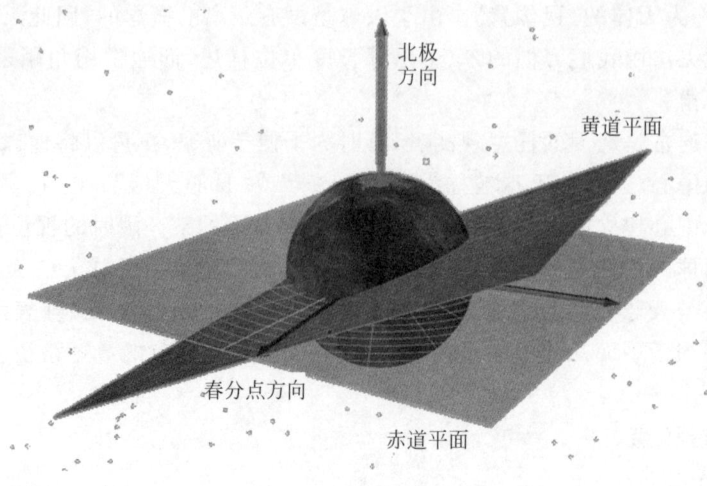

图 1.2　春分点方向

与夏至点相对的另一点称为“冬至点”。太阳沿着黄道由西向东做周年视运动时,依次经过春分点、夏至点、秋分点、冬至点,太阳在这些点的日子则分别称为“春分日”“夏至日”“秋分日”和“冬至日”。

1.1.3 相对与绝对

运动发生于空间和时间中。通常为大家所习惯的空间和时间都是假设的绝对空间和绝对时间,其中绝对空间和绝对时间又是相互独立的。在 1915 年以前,时间和空间被认为是事件在其中发生的固定舞台,不受在其中发生的事件的影响。根据狭义相对论,这是对的,即时间和空间完全不受物体运动的影响,无限向前延伸。然而,根据广义相对论,情况则完全不同。这时,空间和时间成为变量,物体运动或者力的作用影响了空间和时间的曲率;反过来,时间和空间的结构也会影响运动和力作用的方式。

1.2 时间

时间是物质存在和运动的一种基本形式。它伴随着一切物质变化或发展所经历的过程。时间以过去、现在和将来连续不断的延续性,描述事件之间的先后顺序。在航天活动中,必须有严格统一的时间标准,才能准确地描述时间的顺序,保障航天活动正常进行。

描述物体在某一时刻的运动状态通常需要 7 个物理量:当前时刻(t)、该时刻的位置(x,y,z)和速度矢量(v_x,v_y,v_z);如果我们想进一步精确该空间天体的运动规律,尤其是空间天体的运行规律,就需要一个适当的衡量时间的尺度。在过去,这种尺度是以地球自转为基准的,然而由于地球自转的不均匀性和测量精度的不断提高,又出现了历书时、原子时等以地球公转运动、以原子内部电子能级跃迁时辐射电磁波的振荡频率为依据的时间系统。

1.2.1 世界时

在天文学领域中,最早建立的时间计量系统是以地球自转为依据的。世界时系统即以地球自转运动为依据建立的时间系统。世界时系统根据参照物的不同,可分为恒星时、真太阳时和平太阳时。

恒星时是由春分点的周日视运动确定的时间计量系统。春分点连续两次上中天的时间间隔为 1 恒星日,每 1 恒星日等分成 24 恒星小时,每 1 恒星小时再等分成 60 恒星分,每 1 恒星分再等分成 60 恒星秒。对特定观测点而言,春分点相对于当地子午圈的时角对应该地的地方恒星时时刻。

真太阳时是以太阳的周日视运动为依据建立的时间计量系统。太阳的视运动是人类最早用来确定时间的参照,真太阳连续两次上中天的时间间隔定义为 1 真太阳日。1 真太阳日分为 24 真太阳时,1 真太阳时分为 60 真太阳分,1 真太阳分分为 60 真太阳秒。由于地球在自转的同时还在围绕太阳公转,真太阳时与地球自转并不同步。同时,由于太阳在黄道上的运动速度并不均匀,黄道和赤道也不重合,存在黄赤交角,使得真太阳时每天的时长不一致,违背了时间计量系统对均匀性的要求。

为了解决真太阳时不均匀的问题，美国天文学家纽康提出了一个假想参考点，即平太阳。这个平太阳也有周年视运动，但与真太阳有所不同。主要体现在两个方面：一是平太阳的周年视运动平面与天赤道平面重合；二是平太阳在天赤道上运行的速度是均匀的，运行速度等于真太阳周年运动速度的平均值。平太阳时与真太阳时之间的差称为"时差"，时差与观测者在地球上的位置无关，只与观测的日期有关。时差变化的范围为[－14min24s，16min21s]，一年中有4次等于零，最大值在冬至前后。

上述时间系统均具有"地方性"，容易造成沟通困难。在工程应用中，常以0°经度线所在的格林尼治天文台的时间为基准，比如格林尼治恒星时、格林尼治平太阳时等。将格林尼治平时称为"世界时"，记为UT(universal time)。世界时有UT0，UT1和UT2之分：UT0是直接由观测得到的世界时；从1956年起对世界时引入了两项小的修正，一项是由于地球极移引起的观测站的经度变化$\Delta\lambda$，修正后的世界时称为"UT1"；另一项是因地球自转速度引起的季节性变化修正ΔT_S，修正后的世界时称为"UT2"。它们之间的关系为

$$\begin{cases} \mathrm{UT1} = \mathrm{UT0} + \Delta\lambda \\ \mathrm{UT2} = \mathrm{UT1} + \Delta T_S = \mathrm{UT0} + \Delta\lambda + \Delta T_S \end{cases} \tag{1.1}$$

1.2.2 历书时

19世纪末，天文学家纽康根据牛顿力学和多年的天文观测资料，编制了一系列预报太阳、月球和所有行星位置的表，在这个过程中就发现预报位置与观测位置不符，纽康认为这种分歧是由地球自转的不均匀性引起的。这种解释在石英钟发明后，在1939年被天文学家琼斯证明。

为了寻找一种更为均匀的时间系统，天文学家想到利用纽康的太阳表反过来测定时间，于是引入了历书时。经数次天文会议讨论，决定从1960年引入一种以太阳系内天体公转为基准的均匀时间系统，称为"历书时"(ET)，在1960年到1967年间，它是世界公认的计时标准。

历书时定义1900年1月0日历书时12h时刻回归年长度31 556 925.9747为1历书秒，起算历元为1900年太阳平黄经等于279°41′48″.04对应的时刻。历书时是太阳质心系框架下的一种均匀时间尺度，测定时间越长，准确度越高。然而，在实际应用中，由于实际测定的精度不高，而且提供结果比较迟缓，无法满足高精度时间测量的需求，后来被原子时完全取代。

1.2.3 国际原子时

1967年10月，第13届国际计量大会决定引入新的秒长定义，即铯原子Cs^{133}基态的两能级间跃迁辐射的9 192 631 770周所经历的时间为1秒(单位为s)，称为"国际单位(SI)秒"。由这种时间单位确定的时间系统称为"国际原子时"(TAI)。国际原子时以1958年1月1日0时的世界时UT1作为起算点，由于技术原因，两者之间的差值为

$$(\mathrm{UT1} - \mathrm{TAI})_{1958.0} = 0.0039\mathrm{s} \tag{1.2}$$

国际原子时秒长均匀、稳定度很高，但与地球自转无关，在很多涉及地球瞬时位置的计算应用中受到限制；此外，世界时对于时刻的定义更加符合人们的认知习惯。因此，在实际应用中，为了兼顾对世界时时刻和原子时秒长两者的需要，建立了一种折中的时间系统，称为“协调世界时”(UTC)。

协调世界时的秒长与原子时秒长一致，在时刻上则要求与世界时接近。从1972年起规定协调世界时与世界时的差值保持在±0.9s以内。为此需要在每年的年中或年底对协调世界时的时刻作一整秒的调整，加上一秒(正跳秒)或者取消一秒(负跳秒)，具体的调整由国际时间局提前两个月公布。

1.2.4　相对论时间尺度

时间在牛顿物理学背景下是一个绝对量，与时钟的位置和运动无关。但在广义相对论的框架下不再成立，时间和空间被认为是每个单独物体的动力量，根据它的位置和运动状态具有自己唯一的时间测度。

考虑到相对论效应，天文上为太阳系内天体的运动分别引入了地球时TT(即以前的地球动力学时TDT)和太阳质心动力学时TDB(简称“质心动力学时”)。其中，地球时是建立在国际原子时基础上的地球系统时间标准，主要描述相对于地球质心的运动，单位是位于大地水准面上测得的国际单位秒。地球时与原子时的关系为

$$\mathrm{TT}=\mathrm{TDT}=\mathrm{TAI}+32^{\mathrm{s}}.184 \tag{1.3}$$

其中，上标s表示国际单位秒，为不产生歧义放于此处。

质心动力学时被引入描述太阳系内行星在以太阳系质心为中心的坐标系下的运动，目前相对于太阳质心的运动方程给出的历表、引数等所用的时间尺度，岁差及章动量的计算是以此为依据的。考虑到地球轨道的偏心率和相应的日心距和速度的变化，忽略高阶项后，质心动力学时与地球时之间的关系为

$$\mathrm{TDB}=\mathrm{TT}+0^{\mathrm{s}}.001\,658\sin g+0^{\mathrm{s}}.000\,014\sin 2g \tag{1.4}$$

其中，上标s表示国际单位秒，g为地球轨道的平近点角，可用儒略日(Julian date，JD)表述为

$$g=357.53^{\circ}+0.985\,600\,28(\mathrm{JD}-2\,451\,545.0) \tag{1.5}$$

儒略日是一种不用年和月的记日法，是以公元前4713年1月1日世界时12h为起算点的积累日数，天文年历记载有每年每月零日世界时12h的儒略日，例如1992年2月1日0h的儒略日为2 448 653.5。儒略日在时间系统转换和天体力学中具有十分重要的应用价值。

儒略日的数值很大，为了在应用中更为方便，引入了约简儒略日(modified Julian date，MJD)，其定义为MJD＝JD－2 400 000.5，约简儒略日的起算日期为1858年11月17日0hUT。

1.3　空间坐标系

空间坐标是对航天器空间所处的位置的描述。牛顿力学理论中的空间定义为三维均匀各向同性的固定不动的欧几里得空间。为了方便描述空间及在这个空间中物体的运动，在

此引入了坐标系。通常选取 3 个不共面的轴组成的坐标系作为不动的参照物,这个坐标系称为“参考系”。按照定义,它是固定(绝对)参照系,在运动学中这个参照系的选择是任意的。在理论力学中认为惯性参考系对所有的力学关系都是等价的。换句话说,力学的所有定律和方程不依赖具体的惯性参考系的选择,这就是著名的伽利略相对性原理。

惯性参考系实际上是不存在的,但是,取以太阳系中心为原点、各坐标轴指向“不动的”恒星的坐标系作为惯性参考系,如地心 J2000 坐标系,精度就很高了。对于大部分工程技术问题,可以取固连于地球的坐标系为惯性参考系。

1.3.1 地心坐标系

航天器绕地球运动,因此在研究它的运动时,很自然地要引进地心坐标系。在人造卫星上天以前,人们只能依靠传统的大地测量方法给出所谓的地球参考椭球体,其中心并不是地心,而在人造卫星上天后,用卫星动力测地方法才给出了真正的地心参考系。当然,尽管测量的精度越来越高,所测得的地心仍然是近似的。目前地心位置的测量精度为厘米级。

研究航天器轨道及其应用时,常用的地心坐标系有地心惯性(Earth centered inertial)坐标系、地心非惯性(Earth fixed)坐标系和地心轨道坐标系。地心惯性坐标系中目前最常用的是地心 J2000 坐标系,该坐标系由 2000 年 1 月 1 日 12:00:00.000 对应的平春分点、平赤道法向方向为基准确定。地心惯性坐标系的定义与地球自转无关,主要用于描述航天器轨道、航天器在空间的惯性位置等。

地心非惯性坐标系中最常用的是世界大地坐标系 WGS84(world geodetic system),该坐标系是一个协议地球参考系。1967 年,国际天文联合会(IAU)和国际大地测量与地球物理联合会(IUGG)推荐采用 1900—1905 年的地心平均位置作为坐标系的原点,称为“国际协议原点”(conventional international original,CIO)。1984 年,国际极移服务(IPMS)和国际时间局(BIH)采用非刚体地球理论等计算得到新的协议地球极(conventional terrestrial pole,CTP)。WGS84 坐标系的坐标原点位于地球质心,Z 轴指向 BIH 1984.0 定义的协议地球极方向;X 轴指向 BIH 1984.0 的零度子午面和协议地球极赤道的交点;Y 轴与 Z 轴、X 轴构成右手系的坐标系。世界大地坐标系固联在地球上,随地球旋转而旋转,经常用于描述航天器相对于地球的运动,如航天器的星下点轨迹、地面覆盖等。

地心 J2000 坐标系与地心非惯性坐标系中相关矢量方向的定义如图 1.3 所示。

地心轨道坐标系的坐标原点位于地球质心,Z 轴指向轨道平面的法向方向,X 轴根据定义不同可分别指向轨道升交点、轨道近地点以及航天器质心。地心轨道坐标系的相关定义如图 1.4 所示。地心轨道坐标系的定义除坐标原点外,与航天器的运动密切相关,与地球自转无关,但受摄动因素的影响,航天器轨道在空间并不能保持静止,因此,地心轨道坐标系也并非惯性坐标系。

1.3.2 星体坐标系

星体坐标系是以航天器的质心为坐标原点的坐标系,常用的星体坐标系包括 VVLH(vehicle velocity,local horizontal)坐标系、RIC(radial,in-track,cross-track)坐标系、VNC

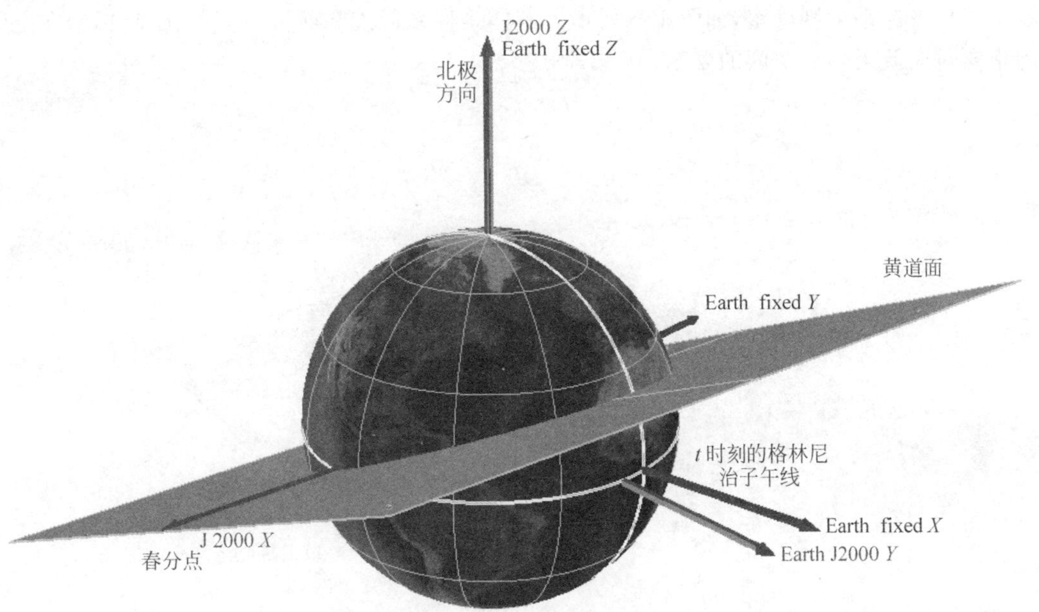

图 1.3　地心坐标系的相关矢量(后附彩图)

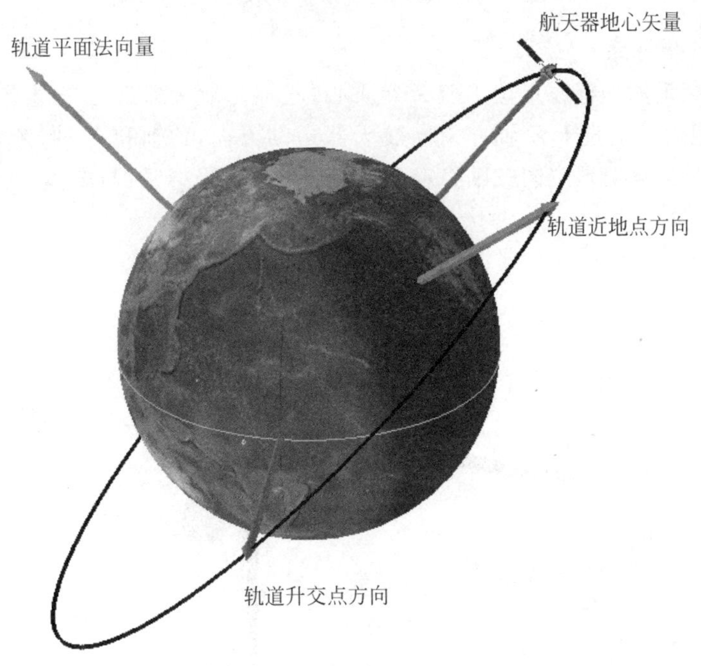

图 1.4　地心轨道坐标系

(velocity,normal,co-Normal)坐标系和本体(Body)坐标系等。星体坐标系可与惯性坐标系等相互配合,用于描述航天器与航天器之间的相对运动,航天器在空间的姿态、速度方向等。

(1) 本体坐标系

本体坐标系的坐标轴对应航天器的特征轴方向。其中,X 轴与航天器的纵对称轴一致,指向航天器的顶部;Y 轴垂直于 X 轴,位于航天器主对称平面内,指向上方;Z 轴根据右手直角坐标系准则确定，如图 1.5 所示。本体坐标系固连在航天器上，三个坐标轴在空间的指向对应航天器在空间的姿态。

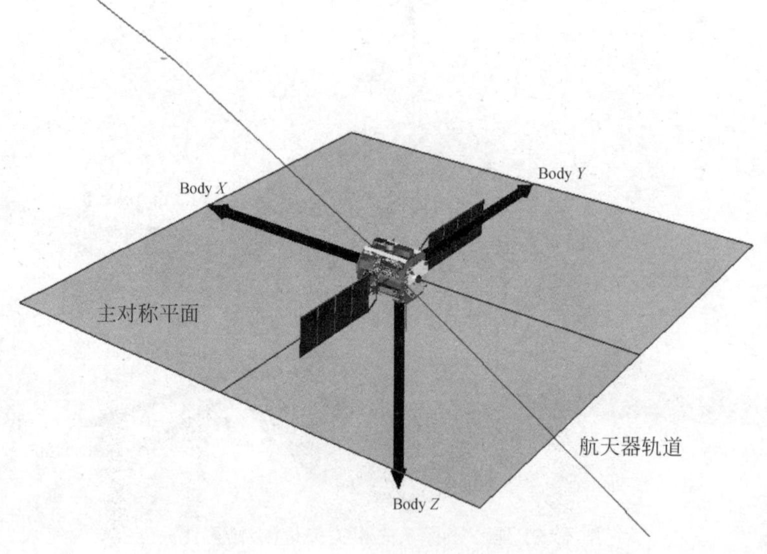

图 1.5 本体坐标系

(2) VVLH 坐标系

VVLH 坐标系的坐标原点位于航天器质心，Z 轴与航天器地心矢量重合指向地心，X 轴在航天器轨道面内垂直于 Z 轴并指向航天器运动方向，Y 轴和 Z 轴、X 轴构成右手系。VVLH 坐标系是描述对地定向三轴稳定卫星姿态的参考坐标系，与本体坐标系之间的关系如图 1.6 所示。

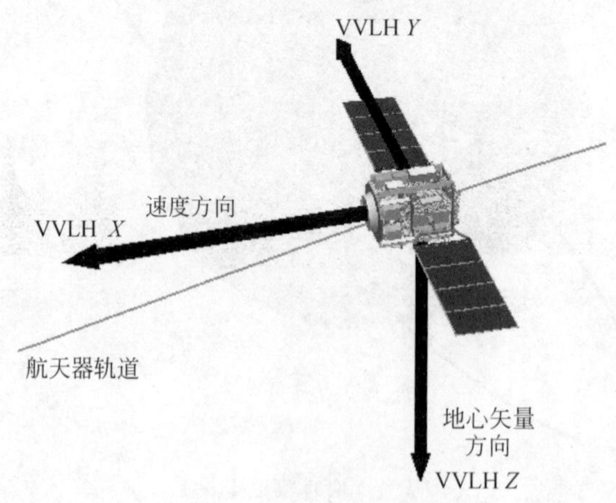

图 1.6 VVLH 坐标系

(3) RIC 坐标系

RIC 坐标系的坐标原点位于航天器质心，X 轴指向航天器地心矢径的反方向，Z 轴指向航天器运动平面的法向，Y 轴与 Z 轴、X 轴构成右手系。RIC 坐标系也称为“径切法”(radial，track，normal，RTN)坐标系，经常用于描述航天器之间的相对运动。

(4) VNC坐标系

VNC坐标系的坐标原点位于航天器质心，X轴指向航天器的运动方向，Y轴指向航天器运动平面的法向，Z轴与X轴、Y轴构成右手系。VNC坐标系在进行轨道机动计算时经常用到。

VNC坐标系与RIC坐标系如图1.7所示。

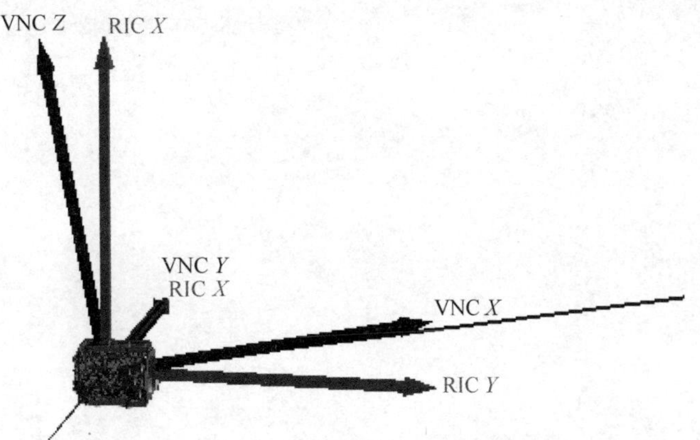

图1.7　RIC轨道坐标系与VNC坐标系(后附彩图)

1.3.3　坐标系的转换

根据欧拉有限转动原理，任意两坐标系的转换可通过若干次基元旋转实现。其中，绕三个坐标轴的旋转角称为“欧拉角”。根据相继运动方向余弦阵的表示方法，通过欧拉角旋转方法确定的最终方向余弦阵等于三次基元旋转阵的次序乘积。

三次基元旋转阵分别为

$$\boldsymbol{M}_x[\zeta]=\begin{bmatrix}1 & 0 & 0\\0 & \cos\zeta & \sin\zeta\\0 & -\sin\zeta & \cos\zeta\end{bmatrix}$$

$$\boldsymbol{M}_y[\eta]=\begin{bmatrix}\cos\eta & 0 & -\sin\eta\\0 & 1 & 0\\\sin\eta & 0 & \cos\eta\end{bmatrix}$$

$$\boldsymbol{M}_z[\xi]=\begin{bmatrix}\cos\xi & \sin\xi & 0\\-\sin\xi & \cos\xi & 0\\0 & 0 & 1\end{bmatrix}$$

其中，$\boldsymbol{M}_x[\zeta]$，$\boldsymbol{M}_y[\eta]$和$\boldsymbol{M}_z[\xi]$分别对应绕X轴、Y轴、Z轴旋转ζ,η,ξ的欧拉矩阵。

以地心惯性坐标系和地心非惯性坐标系为例进行分析。由定义可知，两坐标系的Z轴重合，XY平面共面，不同的仅为X轴和Y轴的方向。其中，O_EX_I指向平春分点，而O_EX_E指向格林尼治天文台所在的子午线与赤道的交点，因此要完成从地心惯性坐标系到地心非惯性坐标系，只需要绕Z轴旋转一个角度即可，这个角度称为“格林尼治平恒星时角”。

格林尼治平恒星时角 θ 描述了由于地球自转造成的 0°经度线与春分点之间的相对运动，可由当前时刻对应的格林尼治时间来确定，即

$$\theta = 18^{h}.697\,374\,6 + 879\,000^{h}.051\,336\,7t + 0^{s}.093\,104t^{2} - 6^{s}.2 \times 10^{-6}t^{3} \quad (1.6)$$

其中，上标 h 和 s 分别为单位时和秒；t 为从 2000 年 1 月 1 日 12 时(UT1)(JD=2 451 545.0)起算的儒略世纪数，1 儒略世纪数=36 525 天。

第2章

理想轨道

航天器轨道运动最基本的形式就是航天器在万有引力作用下绕中心天体的运动，典型的如各种绕地球运动的卫星、绕月球运动的探测器等，这种运动在一定情况下可简化为二体问题。而若研究月球探测、行星探测等多个天体在万有引力作用下的运动问题，则必须考虑多个天体之间的作用，这种问题在一定程度上可以简化为多体问题，也叫“N 体问题”。

二体问题和多体问题都是一种理想状态，但研究这种理想状态对于了解航天器在空间的运动规律，进行轨道设计等具有十分重要的意义。本章主要介绍二体问题。

2.1 二体问题

2.1.1 二体问题的描述

在天体力学中，把研究两个天体（质点）在彼此引力作用下的运动问题称为“二体问题”。在研究航天器相对地球运动时，航天器的尺寸远小于它和地球的距离，可以视为质点；地球又可以近似为球形，其质量等密度层近似为一定厚度的同心球壳，在这个假设的前提下，就引力效果而言，可以将地球看作质量集中于地心的质点，这样地球与卫星就组成了二体问题。

假设惯性坐标系 $OXYZ$ 中有两个天体，其质量分别为 m_1，m_2，C 点为 m_1，m_2 两个天体的质量中心，如图 2.1 所示。根据牛顿定律，有

$$\boldsymbol{r}_c=\frac{m_1\boldsymbol{r}_1+m_2\boldsymbol{r}_2}{m_1+m_2},\quad \boldsymbol{r}=\boldsymbol{r}_1-\boldsymbol{r}_2 \tag{2.1}$$

将 $\boldsymbol{r}_1$，$\boldsymbol{r}_2$ 用 $\boldsymbol{r}_c$ 和 $\boldsymbol{r}$ 表示，可以得到

$$\begin{matrix} \boldsymbol{r}_1=\boldsymbol{r}_c+\dfrac{m_2\boldsymbol{r}}{m_1+m_2} & & \boldsymbol{F}_1=m_1\ddot{\boldsymbol{r}}_1=m_1\ddot{\boldsymbol{r}}_c+\dfrac{m_1m_2\ddot{\boldsymbol{r}}}{m_1+m_2} \\ & \xrightarrow{\text{力学基本定律}} & \\ \boldsymbol{r}_2=\boldsymbol{r}_c-\dfrac{m_1\boldsymbol{r}}{m_1+m_2} & & \boldsymbol{F}_2=m_2\ddot{\boldsymbol{r}}_2=m_2\ddot{\boldsymbol{r}}_c-\dfrac{m_1m_2\ddot{\boldsymbol{r}}}{m_1+m_2} \end{matrix} \tag{2.2}$$

由牛顿第二定律，可以得到

$$\boldsymbol{F}_1=-\boldsymbol{F}_2\Rightarrow m_1\ddot{\boldsymbol{r}}_c=-m_2\ddot{\boldsymbol{r}}_c\Rightarrow\ddot{\boldsymbol{r}}_c=0 \tag{2.3}$$

对天体 m_1 而言，其所受万有引力 $\boldsymbol{F}_1$ 的方向与 $\boldsymbol{r}$ 相反；对天体 m_2 而言，其所受万有引

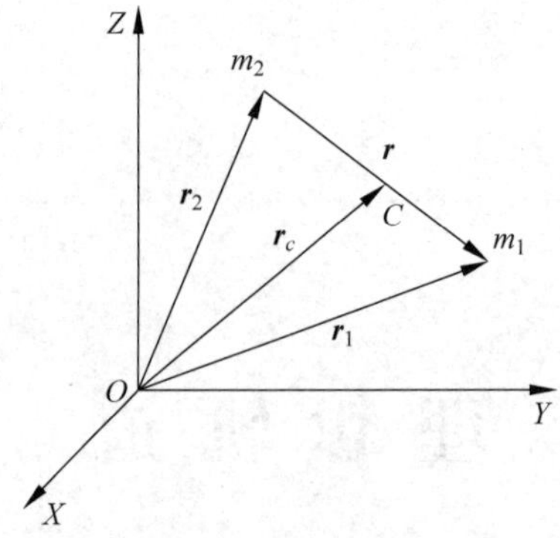

图 2.1　二体问题的位置关系

力 $\boldsymbol{F}_2$ 的方向与 $\boldsymbol{r}$ 相同，且有

$$\left.\begin{aligned}\boldsymbol{F}_1&=m_1\ddot{\boldsymbol{r}}_1=-G\frac{m_1m_2}{r^3}\boldsymbol{r}\\\boldsymbol{F}_2&=m_2\ddot{\boldsymbol{r}}_2=G\frac{m_1m_2}{r^3}\boldsymbol{r}\end{aligned}\right\}\Rightarrow\ddot{\boldsymbol{r}}_1-\ddot{\boldsymbol{r}}_2=-G\frac{(m_1+m_2)}{r^3}\boldsymbol{r}$$
$$\Rightarrow\ddot{\boldsymbol{r}}+\frac{\mu}{r^3}\boldsymbol{r}=0,\quad \mu=G(m_1+m_2) \tag{2.4}$$

若 $m_1\gg m_2$，将坐标系的原点平移到 m_1 的质心，则可以近似认为两个天体的质量中心 C 点与坐标系的原点重合。在一般情况下，在研究航天器绕日、地、月等中心天体的运动时，由于航天器质量远小于中心天体质量，故都采用这种假设。

具体到航天器绕地球的运动时，可采用地心惯性坐标系。在该坐标系下，航天器的运动可表述为

$$\ddot{\boldsymbol{r}}+\frac{\mu}{r^3}\boldsymbol{r}=0 \tag{2.5}$$

其中，$\mu=3.986\,005\times10^{14}\,\mathrm{m^3/s^2}$，为地球引力常数；$r=\sqrt{x^2+y^2+z^2}$，为航天器到地心的距离。将上式展开到地心惯性坐标系下，可以得到分量方程为

$$\begin{cases}\ddot{x}=-\dfrac{\mu x}{r^3}\\[2mm]\ddot{y}=-\dfrac{\mu y}{r^3}\\[2mm]\ddot{z}=-\dfrac{\mu z}{r^3}\end{cases} \tag{2.6}$$

其中，x,y,z 为航天器在地心惯性坐标系下的坐标。

这是一个常微分方程组，若要完全解该方程组，必须找出包含 6 个相互独立的积分常数的解。

2.1.2　二体问题的求解

公式(2.6)是一个常微分方程组，若要完全解该方程组，必须确定 6 个初值 x_0,y_0,z_0，

$\dot{x}_0, \dot{y}_0, \dot{z}_0$，或者其他 6 个相互独立的积分常数。事实上 $x_0, y_0, z_0, \dot{x}_0, \dot{y}_0, \dot{z}_0$ 给出的是航天器初始的位置矢量和速度，几何意义不明显，不能直观反映航天器的运行规律和轨道的几何特征。为直观地反映航天器在空间的运动特性，一般采用其他的积分常数，如轨道根数。

对式(2.6)进行线性变换可以得到

$$\begin{cases} \ddot{y}z - y\ddot{z} = 0 \\ \ddot{x}z - x\ddot{z} = 0 \\ \ddot{x}y - x\ddot{y} = 0 \end{cases} \tag{2.7}$$

对方程两侧进行积分，可得

$$\begin{cases} \dot{y}z - y\dot{z} = A \\ x\dot{z} - \dot{x}z = B \\ \dot{x}y - x\dot{y} = C \end{cases} \tag{2.8}$$

其中，A, B, C 为积分常数。

对上述方程组进行线性变化，可以得到

$$Ax + By + Cz = 0 \tag{2.9}$$

由解析几何知识可知，式(2.9)为平面方程，A, B, C 为平面的方向数。这表明航天器在地心惯性坐标系中的运动为平面运动，且该平面通过地心，通常称这个平面为"轨道平面"。图 2.2 给出了轨道平面在地心惯性坐标系中的几何关系。

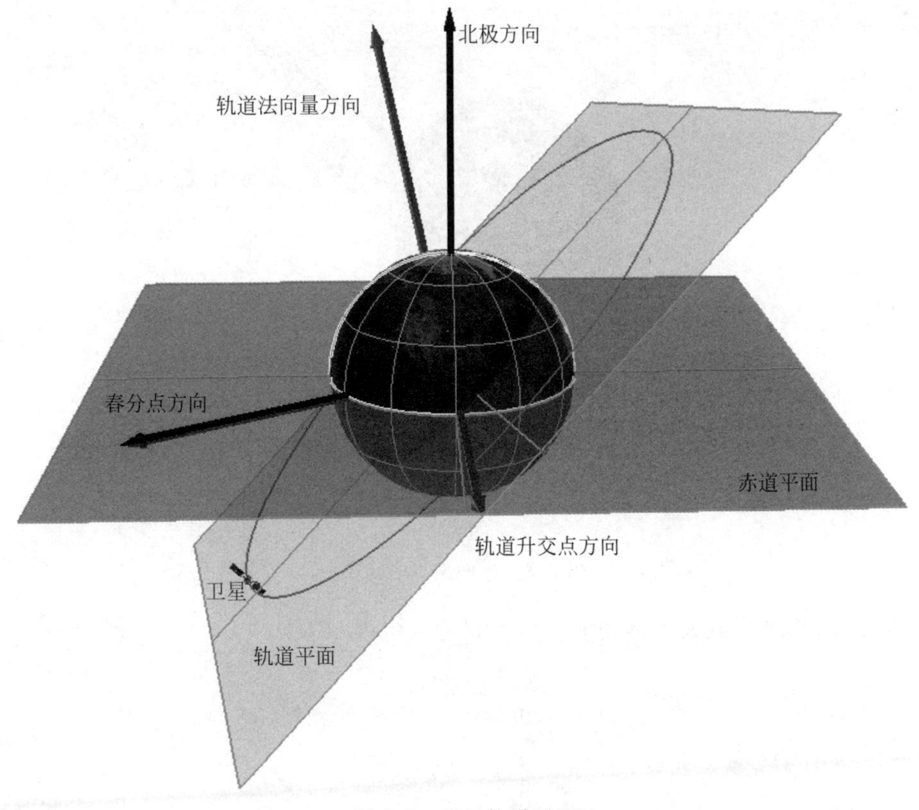

图 2.2　卫星轨道平面

为了更形象地描述航天器在空间的轨道平面，可以引入两个参数，即

(1) 轨道倾角 i：轨道平面与赤道平面所成的二面角。为消除歧义，可进一步精确定义：轨道倾角为轨道平面法向量与赤道平面法向量(北极)的夹角，取值范围为[0,180°]。

(2) 升交点赤经 Ω：航天器从南向北经过赤道的交点为升交点(反之，航天器从北向南经过赤道的交点为降交点)，如图 2.2 所示。在此基础上，进一步定义升交点赤经为在赤道平面内从地心惯性坐标系的 X 轴方向(春分点方向)沿逆时针方向度量到升交点方向的角度，取值范围为[0,360°]。

轨道倾角 i 和升交点赤经 Ω 完全定义了航天器在空间的轨道平面，它们与轨道平面的方向数 A,B,C 之间有如下关系：

$$\begin{cases} A = \sin i \sin\Omega \\ B = -\sin i \cos\Omega \\ C = \cos i \end{cases} \tag{2.10}$$

已知航天器在空间的运动为平面运动，可将航天器的轨道运动进一步简化，放在二维空间内描述。

在轨道平面内定义坐标系 $O\xi\eta$(图 2.3)，其中原点为地心，ξ 轴指向升交点方向，η 轴在轨道平面内按右手定则确定。

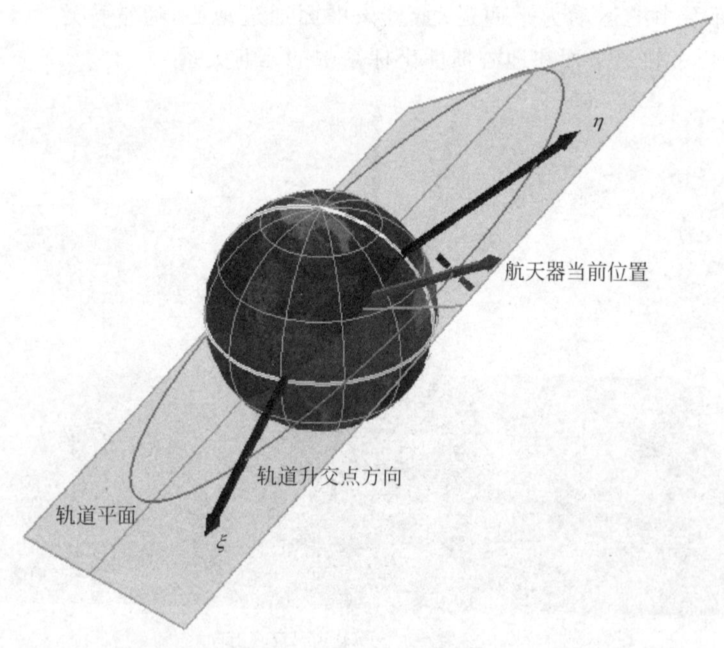

图 2.3 平面坐标系定义

在坐标系 $O\xi\eta$ 中，航天器运动的分量方程为

$$\begin{cases} \dfrac{\mathrm{d}^2\xi}{\mathrm{d}t^2} + \dfrac{\mu\xi}{r^3} = 0 \\ \dfrac{\mathrm{d}^2\eta}{\mathrm{d}t^2} + \dfrac{\mu\eta}{r^3} = 0 \end{cases} \tag{2.11}$$

对上式进行极坐标变换。令 $\xi = r\cos\theta, \eta = r\sin\theta$，则方程组(2.11)转换为

$$\begin{cases} \ddot{r} - r\ddot{\theta} = -\dfrac{\mu}{r^2} \\ r\ddot{\theta} + 2\dot{r}\dot{\theta} = 0 \end{cases} \tag{2.12}$$

对第二式进行积分可得

$$r^2\dot{\theta} = h \tag{2.13}$$

其中，h 为积分常数，表示航天器单位时间内扫过的面积。

将式(2.13)代入式(2.12)的第二式，同时令 $u=1/r$，以 θ 为自变量，可以得到

$$\frac{d^2u}{d\theta^2} + u = \frac{\mu}{h^2} \tag{2.14}$$

通过查询数学手册，可以获得上述方程的积分形式：

$$r = 1/u = \frac{h^2/\mu}{1+e\cos(\theta-\omega)}, \quad h = \sqrt{\mu a(1-e^2)} \tag{2.15}$$

其中，a，e，ω 是积分常数。

由解析几何知识可知，式(2.15)是一个典型的圆锥曲线方程。其中，h^2/μ 为圆锥曲线的半通径，e 为偏心率。为此，可给出另外 3 个轨道根数的定义，即

(1) 偏心率 e：圆锥曲线的偏心率；

(2) 长半轴 a：圆锥曲线的长半轴；

(3) 近地点幅角 ω：自轨道升交点在轨道平面内沿航天器运动方向度量到近地点的角度，取值范围为[0,360°]。

令 $f=\theta-\omega$，则 f 为真近点角，是从近地点按航天器运动方向度量到航天器当前位置的角度。当 $f=0°$时，对应圆锥曲线近地点；当 $f=180°$时，对应圆锥曲线的远地点。

综上所述，航天器在空间的轨迹有如下特点：

- 航天器在空间的运动是平面运动，平面可用轨道倾角 i 和升交点赤经 Ω 来描述；
- 航天器在平面上运动的轨迹为圆锥曲线，地心位于圆锥曲线的其中一个焦点上；
- 圆锥曲线的大小形状由长半轴 a 和偏心率 e 描述；
- 圆锥曲线在轨道平面内的方位则由近地点幅角 ω 表示。

航天器轨道的空间几何关系如图 2.4 所示。a，e，i，ω，Ω 这 5 个参数完全确定了空间唯一的一条轨道，然而要确定航天器在特定时刻处于航天器轨道上的具体哪个位置，还需要另一个参数，典型的如过近地点时刻。

假设过近地点时刻为 τ，对式(2.13)积分，可得航天器从近地点运行到真近点角 f 的时间 t，即

$$t - \tau = \int_0^f \frac{r^2}{h} df \tag{2.16}$$

如果航天器的运行轨道为椭圆轨道，则以椭圆轨道的中心 O 为圆心，以椭圆长半轴为半径作辅助圆，如图 2.5 所示。图中 S 为航天器当前所处的位置，过 S 作椭圆轨道拱线(椭圆纵对称轴)的垂线，与椭圆拱线交于 R 点，该垂线的反向延长线与辅助圆相交于 Q 点，则定义偏近点角 E 为：以椭圆中心 O 为顶点，从轨道近地点度量到 Q 点的角度，即 $E=\angle ROQ$。

经过推导，可以得到偏近点角 E 与真近点角 f 满足如下关系式：

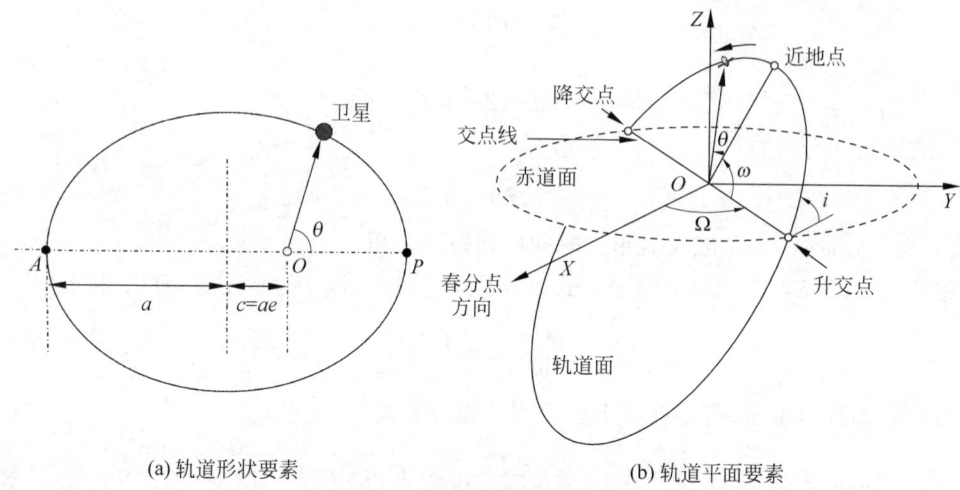

(a) 轨道形状要素　　(b) 轨道平面要素

图 2.4　轨道空间几何关系

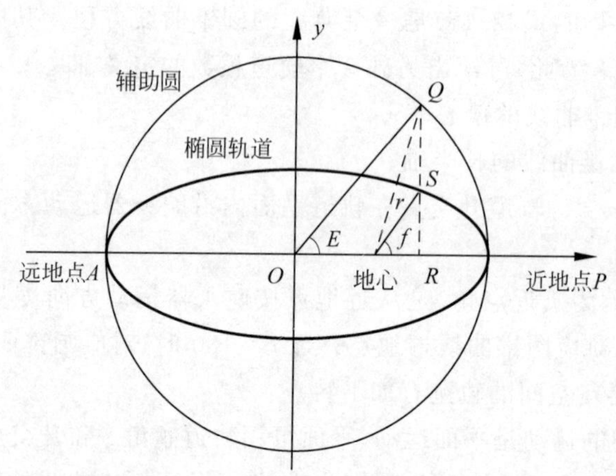

图 2.5　真近点角 f 和偏近点角 E

$$\tan\frac{f}{2}=\sqrt{\frac{1+e}{1-e}}\tan\frac{E}{2},\quad r=a(1-e\cos E) \tag{2.17}$$

将式(2.17)代入积分方程(2.16)，变换后可得

$$t-\tau=\sqrt{\frac{a^3}{\mu}}(E-e\sin E) \tag{2.18}$$

式(2.18)即为椭圆轨道的开普勒方程。利用式(2.18)和式(2.17)，可获得航天器任意时刻的偏近点角 E 和真近点角 f，进而得到航天器在轨道上的具体位置。

令 $n=\sqrt{\frac{\mu}{a^3}}$，则椭圆轨道的开普勒方程可记为

$$n(t-\tau)=E-e\sin E \tag{2.19}$$

其中，n 为卫星运动的平均角速度。

定义 $M=n(t-\tau)$ 为平近点角，其意义是从近地点开始，卫星以平均角速度运动所转过的角度。常用某一时刻对应的平近地点角 M_0 代替过近地点时刻 τ 作为轨道的积分常数。

若航天器的运行轨道为抛物线轨道，则式(2.16)可以直接积分，可以得到抛物线轨道的时间积分公式，即巴克方程。

$$t-\tau=\frac{1}{2}\sqrt{\frac{\mu}{p^3}}\left(\tan\frac{f}{2}+\frac{1}{3}\tan^3\frac{f}{2}\right) \tag{2.20}$$

若航天器的运行轨道为双曲线轨道，则以双曲线的中心 O 为中心，作与近地点 P 相切的等边双曲线($e=\sqrt{2}$)，如图 2.6 所示。其中，S 为航天器当前所处的位置，过 S 作轨道拱线的垂线，与拱线交于 R 点，该垂线的反向延长线与辅助圆相交于 Q 点，则定义双曲近点角为

$$H=\frac{2\times S_{OPQ}}{a^2} \tag{2.21}$$

其中，S_{OPQ} 为曲边三角形 OPQ 的面积。

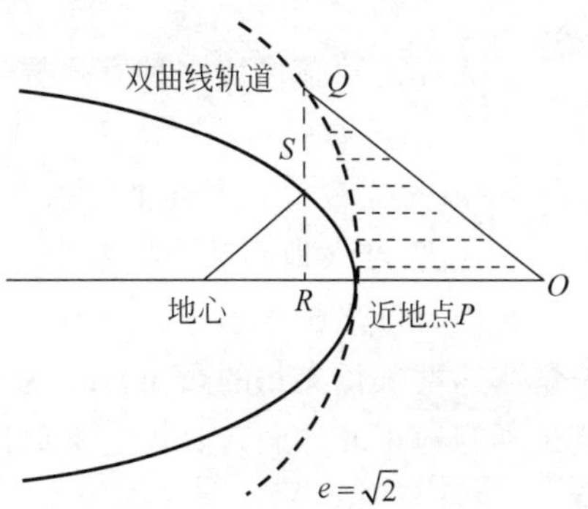

图 2.6 双曲近点角的几何表示

基于双曲近点角，可以得到双曲线轨道的时间积分公式为

$$e\,\mathrm{sh}H-H=\sqrt{\frac{\mu}{a^3}}(t-\tau) \tag{2.22}$$

并有

$$r=a(e\,\mathrm{ch}H-1),\quad \tan\frac{f}{2}=\sqrt{\frac{1+e}{1-e}}\,\mathrm{th}\frac{H}{2} \tag{2.23}$$

其中，sh(…)，ch(…)，th(…)分别为双曲正弦函数、双曲余弦函数和双曲正切函数。

常将二体问题解析解中得到的积分常数 a,e,i,ω,Ω,τ 称为“轨道要素”，也称“轨道根数”。利用 6 个轨道根数，可以清晰准确地描述航天器轨道在空间所处的平面、大小形状以及方位。

在进行轨道根数求解的过程中，如果采用不同的变换方法，还可以得到二体问题中的一些常用公式，这些公式在研究相关轨道问题中也经常用到，见表 2.1。

表 2.1 二体问题的常用公式

名 称	公 式
圆锥曲线方程	$r=\frac{h^2/\mu}{1+e\cos f}, r=a(1-e\cos E)$
开普勒方程	$n(t-\tau)=E-e\sin E, n=\sqrt{\frac{\mu}{a^3}}$
轨道周期	$T=2\pi\sqrt{\frac{a^3}{\mu}}$
真、偏近点角转换公式	$\tan\frac{f}{2}=\sqrt{\frac{1+e}{1-e}}\tan\frac{E}{2}$
活力公式	$v^2=\frac{2\mu}{r}-\frac{\mu}{a}$
面积积分公式	$\boldsymbol{r}\times\boldsymbol{v}=\boldsymbol{h}$，$\boldsymbol{h}$ 指向轨道正法向

2.2 轨道根数的转换

2.2.1 航天器轨道的描述方式

航天器的轨道可用多种方式描述，其中应用最为广泛的包括以下 3 种：

- 轨道根数：a,e,i,Ω,ω,τ 或者 a,e,i,Ω,ω,M_0。其中，M_0 为 t_0 时刻的平近点角；
- 航天器在地心惯性坐标系下，t_0 时刻的瞬时位置分量和瞬时速度分量；
- 航天器在地心球坐标系中，t_0 时刻的瞬时位置分量 r,α,δ 和瞬时速度分量 v,Θ,A。

在地心球坐标表示中，r 为矢径，α 为赤经，δ 为赤纬，v 为速度大小，Θ 为航迹角（位置矢量与速度矢量夹角的余角），A 为方位角（速度方向在当地水平面内的投影沿逆时针方向度量到当地正北方向），具体定义如图 2.7 所示。

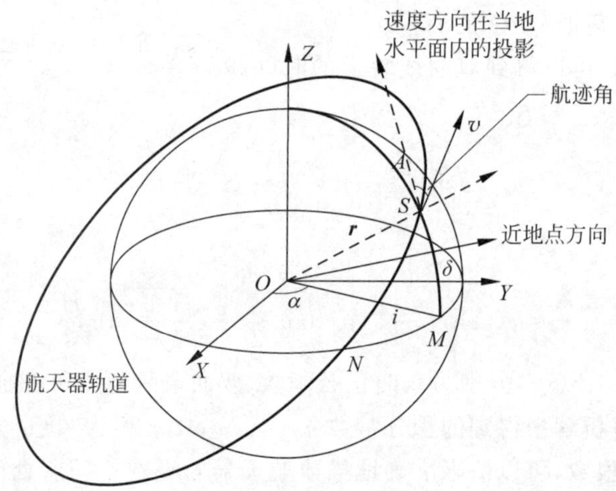

图 2.7 轨道的球坐标表示

图中，$OXYZ$ 为地心惯性坐标系，S 为航天器 t_0 时刻的瞬时位置。

上述 3 种表示方式均可以描述航天器在轨道上的位置和速度，3 种方式各自的获得途径与主要应用领域见表 2.2。

表 2.2 3 种轨道描述方式的获得途径与应用领域

描述方式	获得途径	应用
轨道根数	设计参数	轨道设计、直观描述
直角坐标分量	星载惯性器件测量值	坐标系的转换
球坐标分量	地面站观测值	地面航迹、高程轨迹

很显然，上述 3 种方式之间可以进行转换。

2.2.2 轨道根数与直角坐标之间的转换

(1) 利用轨道根数 a,e,i,ω,Ω,τ 获得 t 时刻的直角坐标 $x,y,z,\dot{x},\dot{y},\dot{z}$

第一步：利用开普勒方程 $n(t-\tau)=E-e\sin E$，获得 t 时刻的偏近点角 E。由 $\tan\dfrac{f}{2}=\sqrt{\dfrac{1+e}{1-e}}\tan\dfrac{E}{2}$，得到真近点角 f；

第二步：由 $r=\dfrac{a(1-e^2)}{1+e\cos f}$ 求得地心距 r；

第三步：求解纬度幅角(定义为轨道平面内从轨道升交点度量到航天器当前位置的角度)，$u=\omega+f$；

第四步：利用球面三角形的余弦公式，求解 x，y，z。

图 2.8 给出的是地心惯性坐标系 $OXYZ$ 下航天器轨道的示意图，图中 S 为航天器在 t 时刻的位置，M 为春分点，N 为轨道升交点，作球面三角形 SMN，根据球面三角形的余弦公式可得

$$\cos(\angle MOS)=\cos\Omega\cos u-\sin\Omega\sin u\cos i$$

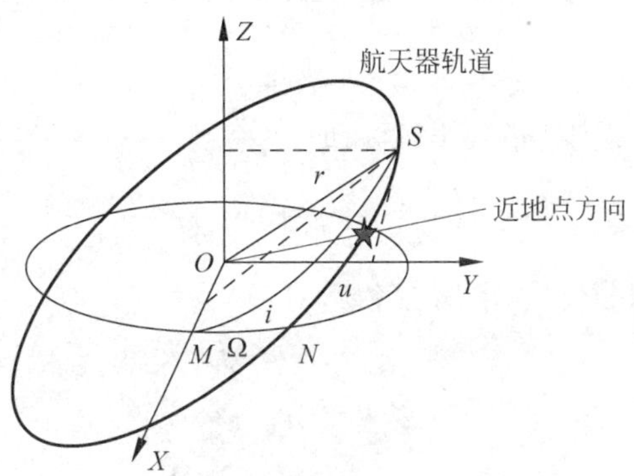

图 2.8　航天器轨道的球面关系

则根据平面三角形公式，可得 $x=r\cos(\angle MOS)=r(\cos\Omega\cos u-\sin\Omega\sin u\cos i)$。

用类似的方法，可以计算得到 y，z，进而有

$$\begin{cases}x=r(\cos\Omega\cos u-\sin\Omega\sin u\cos i)\\y=r(\sin\Omega\cos u+\cos\Omega\sin u\cos i)\\z=r\sin i\sin u\end{cases}\tag{2.24}$$

第五步：由活力公式 $\dfrac{1}{2}v^2-\dfrac{\mu}{r}=-\dfrac{\mu}{2a}$，求 t 时刻的卫星速度大小；

第六步：求解速度方向与升交点方向的夹角。

根据面积积分公式 $\boldsymbol{r}\times\boldsymbol{v}\times\boldsymbol{h}\Rightarrow rv\sin\theta=h=\sqrt{\mu a(1-e^2)}$，获取位置矢量与速度矢量的夹角 θ，进而得到速度方向与升交点方向的夹角 $u'=u+\theta$；

最后，同样利用球面三角形公式(图 2.9 中球面三角形 VMN。其中，V 为航天器 t 时刻速度在地心天球上的投影)获得速度分量。

$$\begin{cases}v_x=v(\cos\Omega\cos u'-\sin\Omega\sin u'\cos i)\\v_y=v(\sin\Omega\cos u'+\cos\Omega\sin u'\cos i)\\v_z=v\sin i\sin u'\end{cases}\tag{2.25}$$

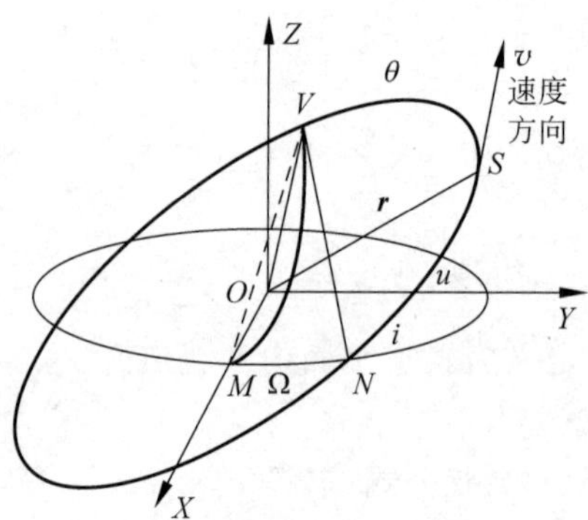

图 2.9　航天器速度矢量的球面关系

(2) t 时刻的直角坐标 $x,y,z,\dot{x},\dot{y},\dot{z}$ 转换为 a,e,i,ω,Ω,τ

第一步：由直角坐标 $x,y,z,\dot{x},\dot{y},\dot{z}$，获得航天器的矢径 $\boldsymbol{r}$ 和速度 v 大小，即

$$\boldsymbol{r}=\sqrt{x^2+y^2+z^2},$$

$$v^2=\dot{x}^2+\dot{y}^2+\dot{z}^2$$

利用活力公式，可以得到轨道长半轴 a，即

$$V^2=\mu\left(\frac{2}{r}-\frac{1}{a}\right)\Rightarrow a=\frac{\mu r}{2\mu-\boldsymbol{r}V^2}$$

第二步：根据面积积分公式，求偏心率 e，对

$$\boldsymbol{h}=\boldsymbol{r}\times\boldsymbol{v}=\begin{vmatrix} i & j & k \\ x & y & z \\ \dot{x} & \dot{y} & \dot{z} \end{vmatrix}$$

两边取模，得到 h 的模，由 $h=\sqrt{\mu(1-e^2)a}$，求得偏心率 e。

第三步：求轨道倾角 i。

因为轨道倾角是轨道正法向和地球北极的夹角，也就是 $\boldsymbol{h}$ 与第一赤道坐标系 Z 轴的夹角，有

$$\boldsymbol{h}\cdot\boldsymbol{z}_0=hz_0\cos i=h\cos i$$

$$\boldsymbol{h}\cdot\boldsymbol{z}_0=h_x\times 0+h_y\times 0+h_z\times 1=h_z$$

所以，$\cos i=\dfrac{h_z}{h}$。

第四步：求升交点赤经 Ω。

定义升交点矢量 $\boldsymbol{n}$ 为

$$\boldsymbol{n}=\boldsymbol{z}_0\times\boldsymbol{h}=\begin{vmatrix} i & j & k \\ 0 & 0 & 1 \\ h_x & h_y & h_z \end{vmatrix}=h_y i-h_x j$$

则升交点赤经 Ω 为升交点矢量 $\boldsymbol{n}$ 与春分点方向的交角，也就是与 X 轴方向的夹角，有

$$\begin{cases} \boldsymbol{n}\cdot\boldsymbol{x}_0=n\cos\Omega \\ \boldsymbol{n}\cdot\boldsymbol{x}_0=h_y \end{cases},\quad \tan\Omega=\frac{h_x}{-h_y}$$

第五步：求得平近点角 M_0 或过近地点时刻 τ。

根据 $r=a(1-e\cos E)$，可以求得偏近点角 E。再根据开普勒方程可得平近点角 $M_0=E-e\sin E$，又因为 $n(t-\tau)=E-e\sin E$，可以得到近地点时刻 $\tau=t-\sqrt{\frac{a^3}{\mu}}(E-e\sin E)$。

第六步：求近地点幅角 ω。

已知纬度幅角 u 为升交点矢量 $\boldsymbol{n}$ 与 $\boldsymbol{r}$ 的夹角，则 $\sin u=\frac{|\boldsymbol{n}\times\boldsymbol{r}|}{nr}$。根据 $\tan\frac{f}{2}=\sqrt{\frac{1+e}{1-e}}\tan\frac{E}{2}$，得到真近点角 f；然后，由 $\omega=u-f$，得到近地点幅角 ω。

2.2.3　轨道根数与球坐标之间的转换

利用轨道要素 a,e,i,ω,Ω,τ 获得 t 时刻球坐标的具体步骤与轨道要素到直角坐标转换的基本过程类似，具体如下：

第一步：利用开普勒方程 $n(t-\tau)=E-e\sin E$，获得 t 时刻的偏近点角 E。由 $\tan\frac{f}{2}=\sqrt{\frac{1+e}{1-e}}\tan\frac{E}{2}$，得到真近点角 f；根据 $u=\omega+f$，得到纬度幅角 u。

第二步：由 $r=\frac{a(1-e^2)}{1+e\cos f}$，求得地心距 r。

第三步：根据球面三角形 SNM 获得 α，δ，即

$$\delta=\arcsin(\sin i\sin u) \tag{2.26}$$

$$\begin{cases}\alpha=\Omega+\arctan(\cos i\tan u), & \text{升段}\\ \alpha=\Omega+180^\circ+\arctan(\cos i\tan u), & \text{降段}\end{cases} \tag{2.27}$$

第四步：利用活力公式，求 t 时刻的卫星速度大小 v。

第五步：由定义可知，方位角 A 为轨道平面与卫星所在经圈所成的二面角，则利用球面三角形 SNM 可得

$$A=\arctan\left(\frac{\cot i}{\cos u}\right) \tag{2.28}$$

第六步：求解航迹角 Θ。由于航迹角定义为位置矢量与速度矢量夹角的余角，有

$$|\boldsymbol{h}|=|\boldsymbol{r}\times\boldsymbol{v}|=rv\cos\Theta=\sqrt{\mu a(1-e^2)}$$

基于上式可获得航迹角 Θ。

2.3　星下点轨迹与地面覆盖

目前，航天器的应用还主要集中于对地面的服务，如侦察监视、通信、导航等。因此轨道设计最重要的一个方面就是进行星下点轨迹和地面覆盖的设计，确保航天器能够经过特定区域上空。

2.3.1 星下点轨迹的定义

一般将航天器在地球表面的投影点称为“星下点”，如图 2.10 所示。针对不同的用途或精度要求，星下点有不同的定义，常用的有如下 3 种。

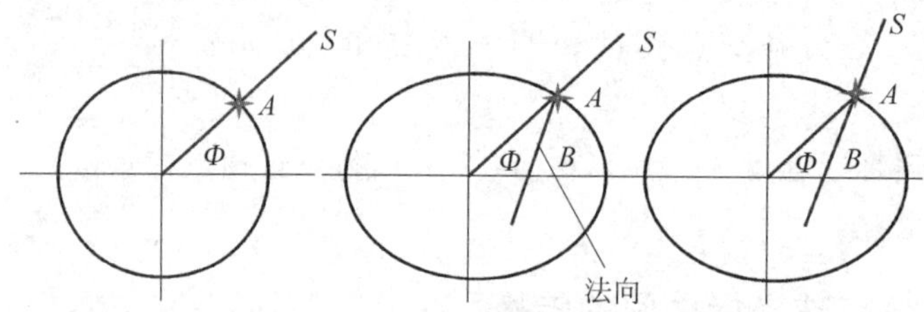

图 2.10　星下点的定义

定义一：当地球为球形时，把地心和卫星的连线与球面的交点称为“星下点”。

定义二：当地球为旋转椭球体时，把地心与卫星的连线与椭球面的交点称为“星下点”，此时星下点纬度为地理纬度，而不是地心纬度。

定义三：当地球为旋转椭球体时，椭球体的某点法线正好通过卫星，该点为星下点。此时星下点的地心纬度与卫星的地心纬度不同。

地理纬度和地心纬度之间的转换关系为

$$\tan B=\frac{a^2}{b^2}\tan\Phi=1.006\,739\tan\Phi \tag{2.29}$$

随着航天器的运动，星下点也相应移动，形成的轨迹称为“星下点轨迹”。星下点轨迹是航天器飞行的地面轨迹，清楚地反映了航天器运动和地面的关系。

2.3.2 星下点轨迹的求解

在惯性空间中，航天器所处的轨道平面不变，航天器以 $\dot{\boldsymbol{f}}_S$ 转动，地球以 ω_e 转动，则航天器相对于地球的运动角速度为

$$\dot{\boldsymbol{f}}=\dot{\boldsymbol{f}}_S-\boldsymbol{\omega}_e \tag{2.30}$$

将 $\dot{\boldsymbol{f}}$ 分解到地球赤道面与自转轴两个方向，则

$$\begin{cases}\dfrac{\mathrm{d}\delta}{\mathrm{d}t}=\dfrac{\mathrm{d}\delta_S}{\mathrm{d}t}\\[2ex]\dfrac{\mathrm{d}\lambda}{\mathrm{d}t}=\dfrac{\mathrm{d}\alpha_S}{\mathrm{d}t}-\omega_e\end{cases} \tag{2.31}$$

其中，λ，δ 为星下点的经度和纬度；α_S，δ_S 为航天器对应的赤经和赤纬。

以航天器过升交点的时间作为计算时间的零点，且此时对应的升交点经度为 λ_Ω，则根据式(2.26)、式(2.27)，以及赤经和经度的转换关系，对式(2.31)积分可得航天器 t 时刻的经度和纬度分别为

$$
\begin{cases}
\lambda = \lambda_{\Omega} + \arctan(\cos i \tan u) - \omega_e t, & \text{升轨} \\
\lambda = 180^\circ + \lambda_{\Omega} + \arctan(\cos i \tan u) - \omega_e t, & \text{降轨}
\end{cases}
\tag{2.32}
$$

$$
\delta = \delta_S = \arcsin(\sin i \sin u) \tag{2.33}
$$

其中，λ_{Ω} 为 $t=0$ 时的升交点地理经度。

由式(2.32)和式(2.33)可知，由于地球自西向东旋转，一个轨道周期后星下点将向西移动。相邻星下点轨迹的距离可以近似认为是地球自转速度与轨道周期的乘积，如图 2.11 所示。

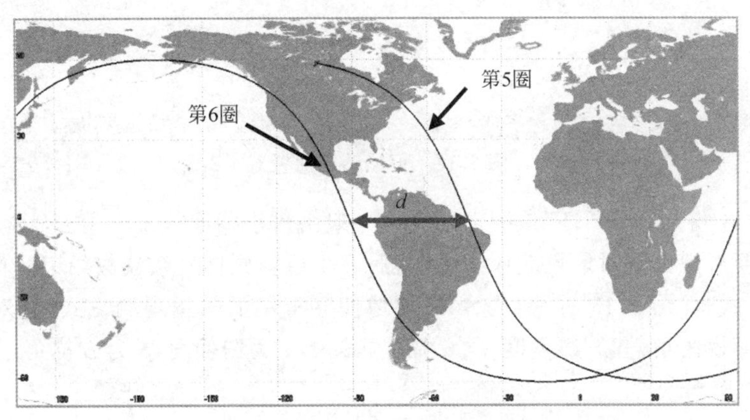

图 2.11　星下点轨迹西移

若考虑摄动影响，则相邻两圈星下点的间距(同纬度圈的经度差)为

$$
\Delta\lambda = (\omega_e + \dot{\Omega}) T \tag{2.34}
$$

其中，ω_e 地球自转角速度，$\dot{\Omega}$ 为升交点赤经变化率，T 为轨道周期。

航天器星下点轨迹相邻两圈的经度差对应的地面宽度 d_0 与星下点所处的纬度 δ 有关，其表达式为

$$
d_0 = \Delta\lambda R_E \cos\delta \times \pi/180 \tag{2.35}
$$

其中，R_E 为地球半径。

对应的垂直于飞行方向的地面宽度为 d_1，其与 d_0 的关系为

$$
d_1 = d_0 \cos[a\sin(\cos i/\cos\delta)] \tag{2.36}
$$

2.3.3　地面覆盖

地面覆盖是指航天器的仪器和天线在某一时刻或在一段较长时间内能观测到的地球的某一地区。卫星地面覆盖带不仅与卫星的轨道根数相关，也与卫星携带载荷的覆盖方式、覆盖相关参数(视场角、擦地角、波段宽度)相关。本节以侦察卫星为例，给出了 3 种典型的地面覆盖方式，如图 2.12 和图 2.13 所示。

第一种方式，如图 2.12(a)所示，是一般光学成像侦察卫星、电子侦察卫星等常用的观测方式，在这种方式下卫星围绕天底点的一个角度进行观测，该角度被称为“视场角”。

第二种方式，如图 2.12(b)所示，是雷达侦察卫星的常用观测方式，在这种方式下，卫星

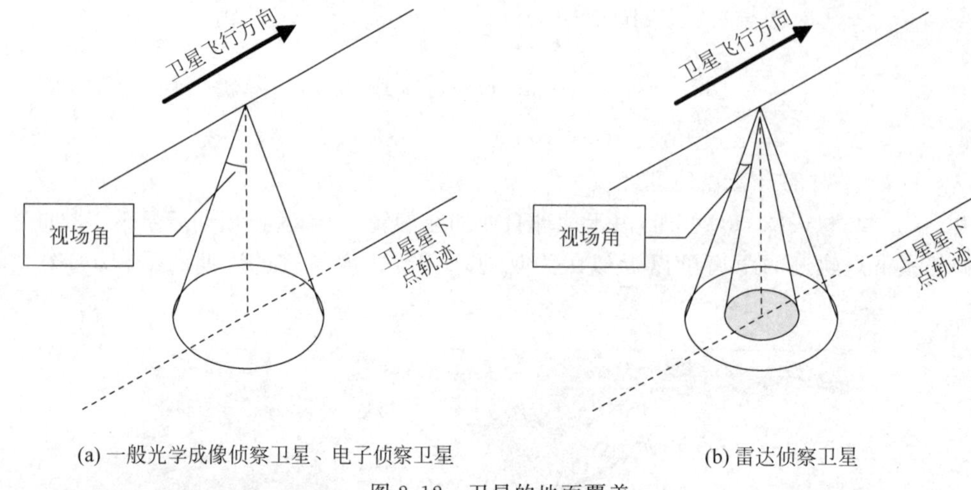

(a) 一般光学成像侦察卫星、电子侦察卫星　　(b) 雷达侦察卫星

图 2.12　卫星的地面覆盖

对地面的覆盖区域为一个圆环,该圆环的大小一般由最小擦地角 $\sigma_{\min}$ 和最大擦地角 $\sigma_{\max}$ 来定义,前者主要考虑大气对信息获取的影响,后者主要受到信号杂波的约束。

第三种方式,如图 2.13 所示,是 SAR 成像侦察卫星的常用观测方式,其对地面的覆盖可用视角(或侧视俯角)和波瓣宽度 $\beta\times\alpha$ 描述,其中,α 为俯仰角,β 为方位角。

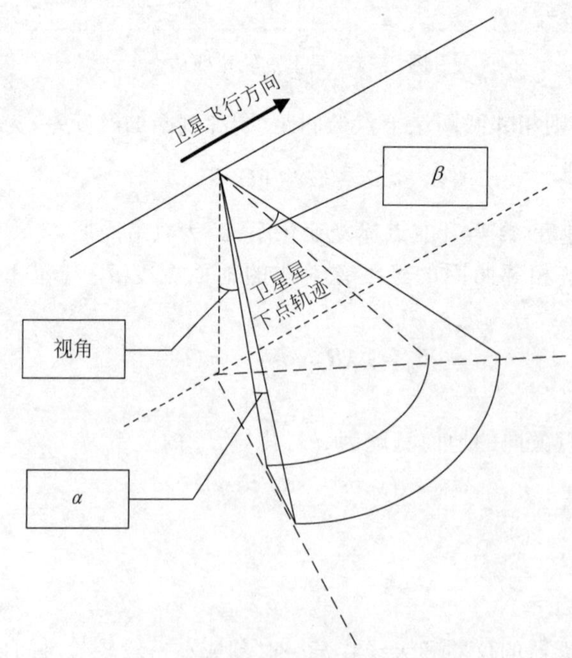

图 2.13　SAR 卫星的地面覆盖

上述 3 种方式对应卫星在任意时刻的地面覆盖区域,随着地球自转和卫星沿轨道的空间运动,卫星对地面的覆盖区域随时间不断发生变化,形成地面覆盖带。只有位于地面覆盖带内的目标才可被卫星覆盖到,进而被探测、识别和定位,如图 2.14 所示。

设航天器 S 某时刻的瞬时高度为 h,相应的星下点为 G。过航天器作地球的切线,该切线称为航天器的“几何地平”,其包围的地面区域称为“覆盖区”,覆盖区以外的地面区域称为

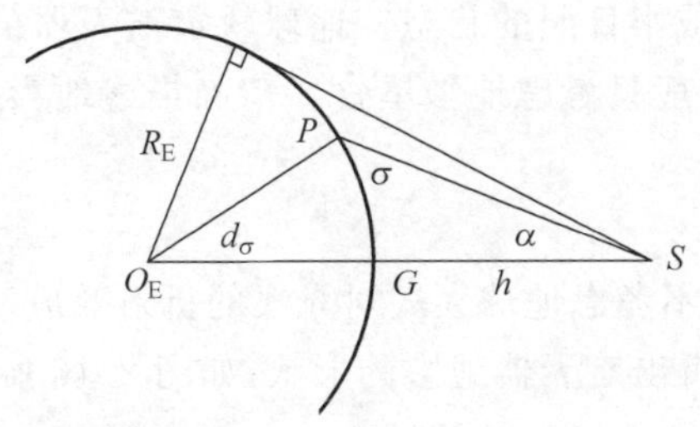

图 2.14　航天器对地面的覆盖

“覆盖盲区”。在实际应用中，在覆盖区范围内的边缘地带，由于地面物遮挡等影响，利用航天器观测、通信或摄影的效果不好，因此需要确定最小观测角，即规定视线 SP 与水平面的夹角不能小于某一值 σ，则对应的覆盖角 d_σ 为

$$d_\sigma = a\cos\left(\frac{R}{h+R}\cos\sigma\right) - \sigma \tag{2.37}$$

若圆轨道各时刻的覆盖角 d 为常数，则在星下点两侧角度为 d 的范围内形成地面覆盖带。如图 2.15 所示。对于覆盖角为 d 的航天器，在纬度 φ 处的地面经度跨度为

$$\Delta\lambda = a\sin\left(\frac{\sin d + \sin\varphi\cos i}{\sin i\cos\varphi}\right) + a\sin\left(\frac{\sin d - \sin\varphi\cos i}{\sin i\cos\varphi}\right) \tag{2.38}$$

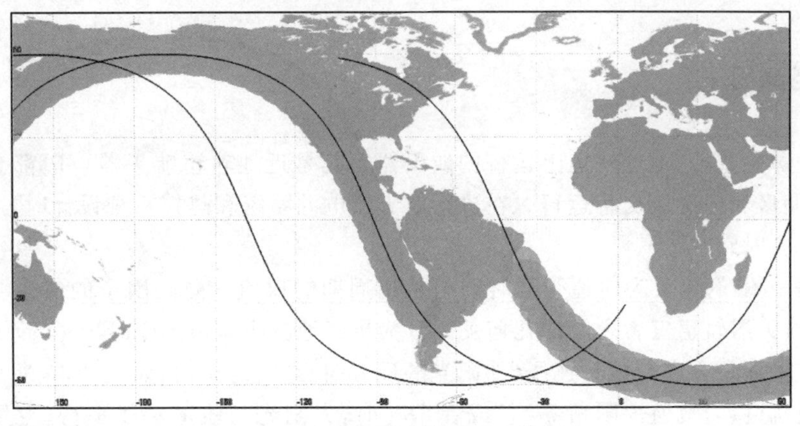

图 2.15　航天器的覆盖带(后附彩图)

考虑地球旋转后，星下点轨迹每圈西移 $\Delta\lambda_{\omega_e}$，则每圈的升交点星下点轨迹与覆盖带一起向西移动 $\Delta\lambda_{\omega_e}$。如果相邻圈的覆盖带在赤道上彼此衔接不出现空隙，则对回归轨道或准回归轨道而言，在其覆盖周期和覆盖纬度范围内，可完成赤道方向的全球覆盖。显然，随纬度的增加，覆盖带将出现重叠，且纬度越高，重叠越大。

2.4　卫星受晒分析

光照条件的分析是航天器轨道设计中一个十分重要的问题。对于大部分侦察卫星，侦察区域即卫星星下点的光照条件是光学侦察能否进行的必要条件；而对于航天器本身，光照区的长短则是星上电源、热控系统等设计的基础。

航天器进入天体阴影的现象称为“星食”(又称为“星蚀”)。发生星食时，太阳被其他天

体遮挡,航天器处于无日照或半日照的状态。地球轨道航天器的星食包括地影星食和月影星食,对于近地轨道卫星,一般只考虑地影星食。精确描述地影的形状比较复杂,在航天工程中,一般可作如下假设:

- 地球呈球形;
- 地球周围无大气,即不考虑地球大气对光线的折射效应。

在上述假设条件下,可得出航天器地影的形状,如图 2.16 所示。外圆锥部分为光照区,内圆锥内部为本影区;两圆锥之间为半影区。

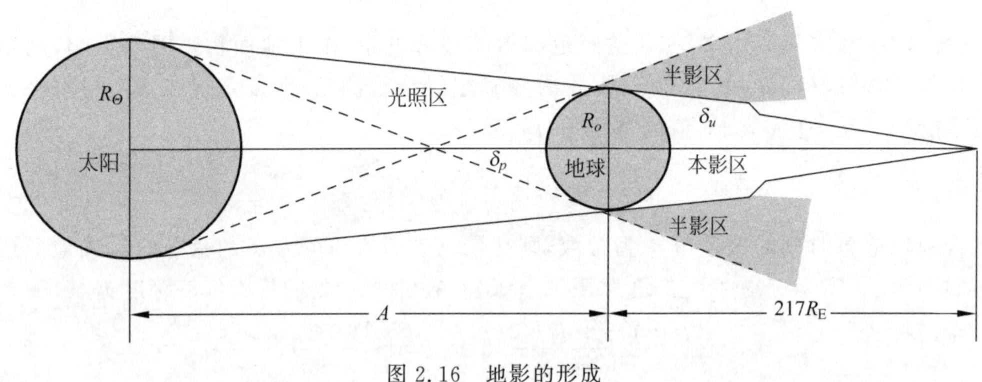

图 2.16　地影的形成

2.4.1　受晒因子

由于地球的遮挡,地球轨道上运行的航天器尤其是近地轨道航天器一般都会经历地影星食,在光照区和地影区交替运行。在进行航天器电源系统和热控系统设计时,主要关注受晒因子和星食时间。

受晒因子 K 的定义为轨道受晒时间与轨道周期的比值。受晒因子的值主要取决于太阳、地球和航天器轨道三者之间的几何关系。为更好地分析轨道的受晒因子,定义轨道太阳角 η 为轨道法向量方向与地日连线(即阳光的反方向)之间的夹角,如图 2.17 所示。

对于圆轨道,当轨道太阳角 $\eta=0°$或者 180°时,太阳光与轨道法线平行,卫星轨道完全受晒,此时 $K=1$;当轨道太阳角 $\eta=90°$时,如图 2.18 所示,发生最长星食,星食时间为

$$T_{ec}=\frac{T}{\pi}a\sin\left(\frac{R_E}{R_E+h}\right) \tag{2.39}$$

其中,T 为轨道周期,R_E 为地球半径;h 为轨道高度。此时,$K=1-T_{ec}/T$。

一般情况下,$\eta\neq0°,90°,180°$,星食时间需要进一步计算。

将地球和卫星轨道向垂直于阳光的平面投影,可以获得

- 地球的投影为半径等于 R_E 的圆;
- 圆形轨道的投影为椭圆,椭圆的中心为地心,椭圆的长半轴为 R_E+h,椭圆的短半轴为$(R_E+h)|\cos\eta|$。

若椭圆与圆无交点,即当$|\cos\eta|\geqslant\dfrac{R_E}{(R_E+h)}$时,轨道长期受晒,$K=1$;否则,将存在星食,有

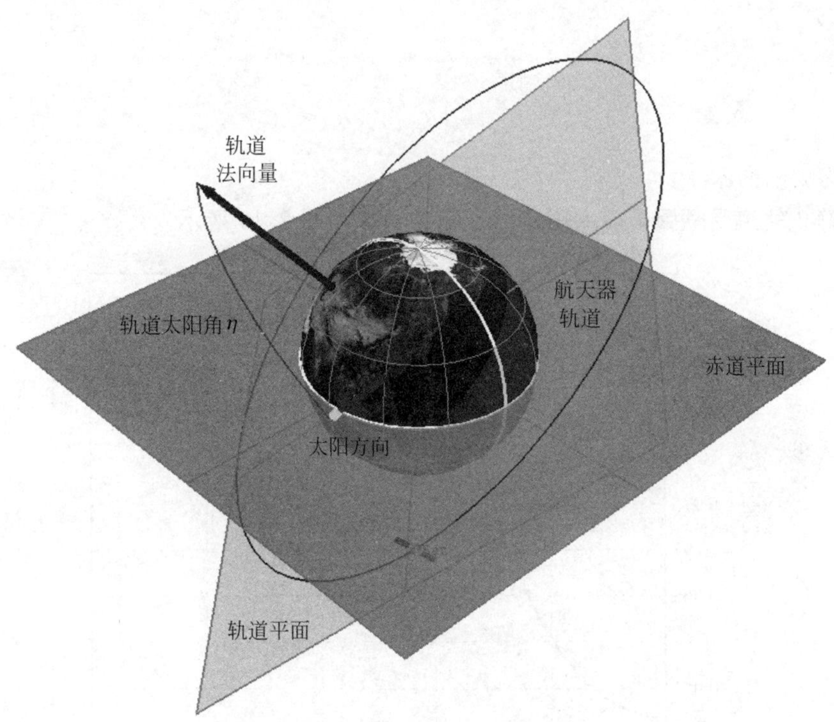

图 2.17　轨道太阳角

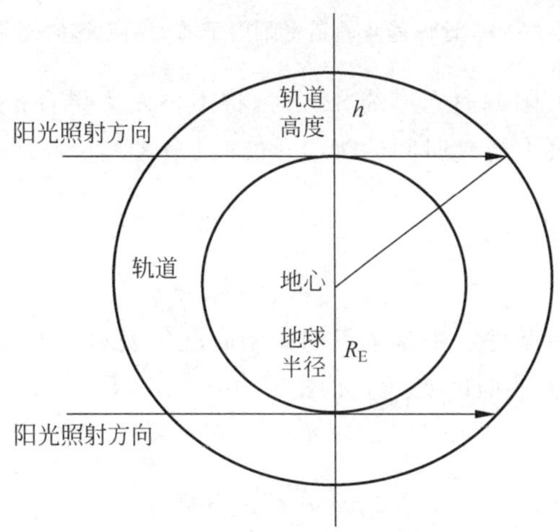

图 2.18　圆轨道最长地影

$$K = 1 - \frac{1}{\pi}\arccos\left(\frac{\cos\eta}{\cos\beta}\right) \tag{2.40}$$

其中，

$$\beta = \arccos\left(\frac{R_E}{R_E + h}\right) \tag{2.41}$$

以地球静止轨道为例，地球静止轨道的轨道高度 $h = 35\ 787\text{km}$，轨道法向量指向北极，地日连线方向随着太阳在黄道上运行而改变。由球面三角形知识可知，地球静止轨道的轨

道太阳角为

$$\eta=\begin{cases}\delta_\Theta, & \delta_\Theta>0\\ \dfrac{\pi}{2}+|\delta_\Theta|, & \delta_\Theta<0\end{cases} \tag{2.42}$$

其中,δ_Θ 为太阳的赤纬。

地球静止轨道受晒因子随太阳赤纬变化的规律如图 2.19 所示。

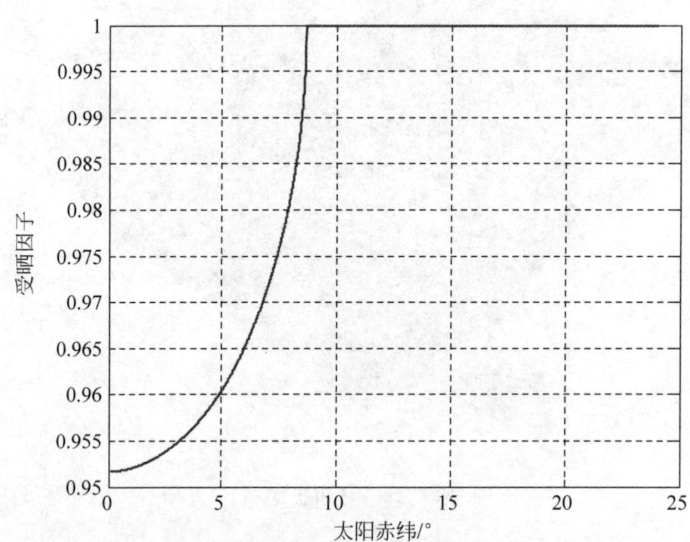

图 2.19　地球静止轨道受晒因子随太阳赤纬的变化

由图 2.19 可知,当太阳偏离赤道约 8.7°时,将不再发生星食;最大星食发生在 $\delta_\Theta=0°$ 时,即春分和秋分时刻,最大星食时间约为(1－0.9517)×24＝1.16h。

2.4.2　星下点光照

航天器星下点的光照条件可用星下点的太阳高度角表示。太阳高度角定义为太阳方向与卫星星下点所在当地水平面的夹角,如图 2.20 所示。假设太阳光为平行光,则太阳高度角

$$h_\Theta=\alpha=\frac{\pi}{2}-\Psi \tag{2.43}$$

其中,Ψ 为太阳和卫星星下点所对应的地心角。

设太阳当前时刻所处的位置为 Θ,卫星的星下点为 S,由图 2.21 所示的球面三角形 $NS\Theta$ 可以得到

$$\sin h_\Theta=\cos\Psi=\sin\delta\sin\delta_\Theta+\cos\delta\cos\delta_\Theta\cos(\alpha_\Theta-\alpha) \tag{2.44}$$

其中,α_Θ,δ_Θ 分别为太阳的赤经和赤纬;α,δ 分别为航天器的赤经和赤纬。

太阳高度角描述的是站在特定位置看太阳的仰角,显然仰角越大,光照越强。当太阳高度角为 0°时,日夜正在交替。将某一时刻所有太阳高度角为 0°的点连接起来,就构成了晨昏线。

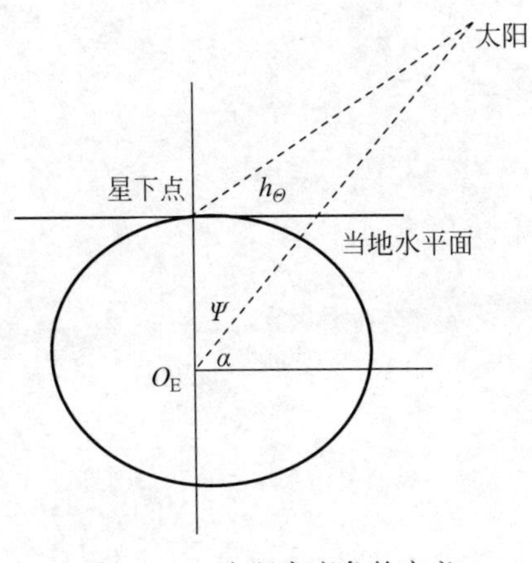

图 2.20 太阳高度角的定义

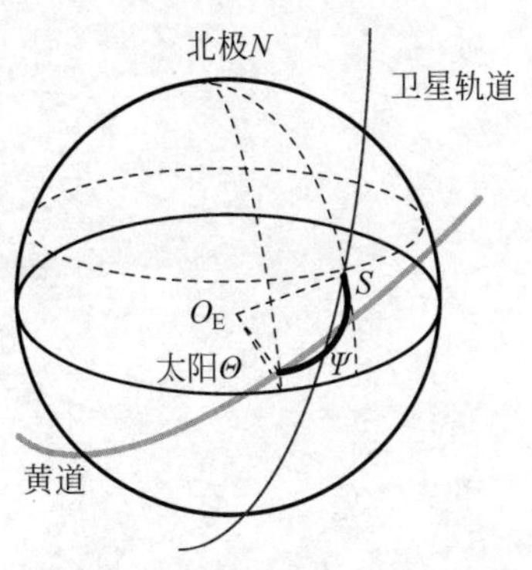

图 2.21 太阳、卫星之间的关系

对可见光成像侦察而言,太阳高度角是制约成像效果最直接的因素。一般认为,对于可见光的照相胶片,当侦察区域内的太阳高度角 $h_\Theta \geqslant 30°$时,可进行详查照相;当太阳高度角 $h_\Theta \geqslant 15°$时,可进行普查照相。

第3章

真实轨道

第2章对理想情况下的航天器轨道进行了描述，通过对理想轨道的分析，可以建立航天器空间运动的基本概念，理解其运动的特点和相对于地面的轨迹。然而，在实际应用中为获得更高的预报精度，必须分析除了中心引力之外的受力情况。例如在研究绕地球运行航天器的高精度轨道时，还需要研究该航天器受到地球非球形部分、大气、太阳光压以及日月引力的作用。在天体力学中，将这些中心引力(中心引力体等效为质点)之外的作用力统称为"摄动力"，将航天器的实际运动轨道相对于理想轨道的偏差称为"摄动"。

3.1 概述

3.1.1 摄动的定义

摄动是相对于理想轨道的。在摄动力作用下，航天器的运动方程可以表述为

$$\frac{\mathrm{d}^2\boldsymbol{r}}{\mathrm{d}t^2}=-\frac{\mu}{r^3}\boldsymbol{r}+\boldsymbol{a} \tag{3.1}$$

其中，$-\frac{\mu}{r^3}\boldsymbol{r}$ 为地球质心引力加速度，$\boldsymbol{a}$ 为摄动加速度的矢量和。

由于摄动加速度的存在，式(3.1)无法像二体问题那样直接求解。航天器在空间的运动轨迹也不再为特定空间平面上大小形状不变的圆锥曲线。图3.1给出了在摄动力作用下航天器轨道的偏离。

相应地，在二体问题中获得的6个轨道根数也会产生不同程度的变化。图3.2给出的是低轨航天器轨道倾角在摄动影响下的变化图(航天器的初轨高度为300km，偏心率为0，倾角为60°)。

从图3.2中可以看出，摄动对轨道根数的影响可以分为长期影响和周期性影响。其中，长期摄动引起轨道根数长期朝着一个方向偏离；周期摄动引起轨道根数以正弦、余弦函数的形式周期的变化。对周期摄动按照影响的周期还可以分为长周期项摄动和短周期项摄动，长周期项摄动的周期大于轨道周期，短周期项摄动的周期小于轨道周期。

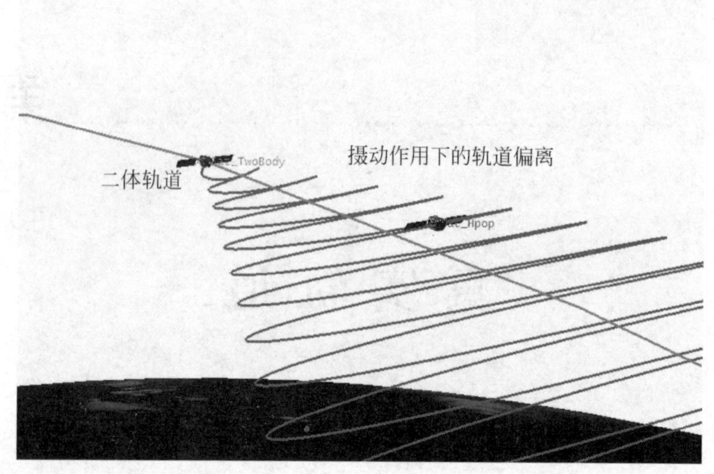

图 3.1　摄动作用下的航天器轨道偏离

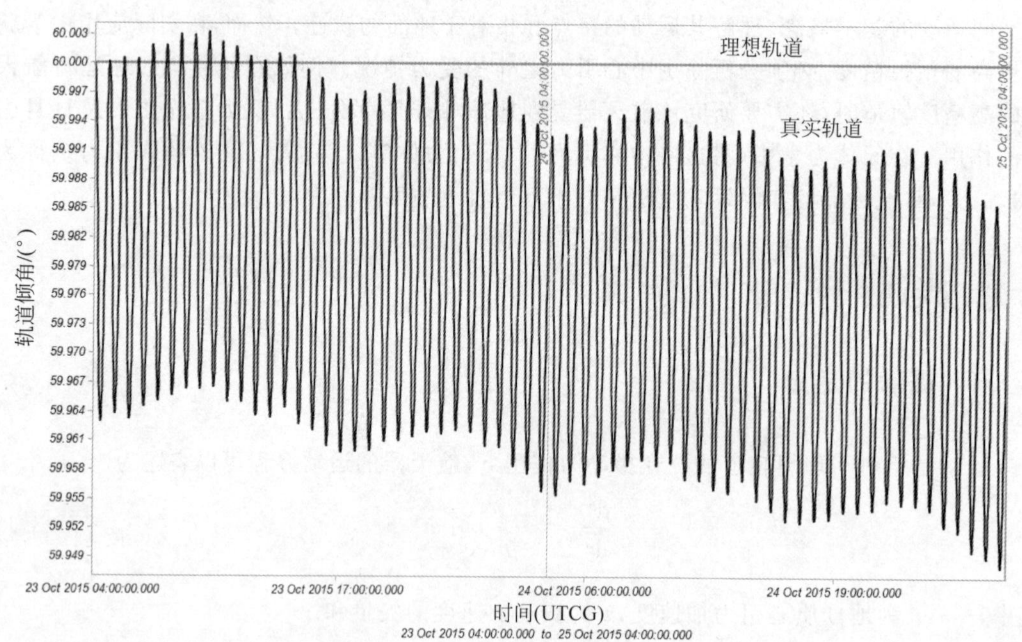

图 3.2　摄动对轨道倾角的影响

3.1.2　密切轨道

由于摄动的影响，航天器的轨道根数不再为定值。但由于摄动力与地心引力相比是个小量，因此研究轨道摄动时，仍可以二体问题的开普勒轨道为基础，把航天器的实际轨道看作不断变化的圆锥曲线，该圆锥曲线称为“密切轨道”。

密切轨道由航天器当前的瞬时位置、速度矢量决定。即已知航天器当前的瞬时位置、速度矢量 $x,y,z,\dot{x},\dot{y},\dot{z}$，按照 2.2.2 节的方法将其转换为轨道根数，该轨道根数确定的圆锥曲线即为密切轨道。由于摄动的影响，密切轨道与实际轨道相切，且随时间不断发生变化。

3.1.3 绕地航天器的主要摄动

一般来说,航天器轨道的主要摄动来源可分为以下4类:

- 中心引力体的非球形部分;
- 其他非中心引力体的引力;
- 航天器所处空间环境中的各种环境要素;
- 其他摄动来源。

对于绕地球运行的航天器,其主要摄动力见表3.1。

表3.1 绕地航天器的主要摄动

序　号	分　类	摄动来源
1	中心引力体的非球形部分	地球非球形引力
2	其他非中心引力体的引力	月球引力 太阳引力 其他行星引力
3	空间环境要素	大气阻力摄动 太阳光压摄动 地球磁场
4	其他摄动	地球形变摄动 潮汐

这些摄动对航天器轨道造成的影响与摄动力类型、轨道的自身特性(如轨道的高低、偏心率以及轨道所处的平面)等均有关系。

3.2 摄动方程

由于摄动力与地心中心引力相比为小量,因此,研究轨道摄动时,仍以二体问题的开普勒轨道为基础,利用密切椭圆的概念研究轨道的摄动。本节将通过数学推导,建立以开普勒轨道根数为变量的摄动方程。

3.2.1 摄动方程的构建

在式(3.1)中,若$\boldsymbol{a}=0$,则航天器的运动为无摄运动(二体问题),即

$$\frac{\mathrm{d}^2\boldsymbol{r}}{\mathrm{d}t^2}+\frac{\mu}{r^3}\boldsymbol{r}=0 \tag{3.2}$$

对方程(3.2)求解,可获得精确解

$$\begin{cases}\boldsymbol{r}=f(a,e,i,\Omega,\omega,\tau,t)\\ \dot{\boldsymbol{r}}=g(a,e,i,\Omega,\omega,\tau,t)\end{cases} \tag{3.3}$$

这是圆锥曲线运动在直角坐标系中的表达式,它们是6个轨道要素和时间的函数。由

于在二体问题中,轨道要素是常数,因此有

$$\begin{cases}\dot{\boldsymbol{r}}=\dfrac{\partial \boldsymbol{r}}{\partial t}=\dfrac{\mathrm{d}\boldsymbol{r}}{\mathrm{d}t}=\dfrac{\partial f}{\partial t}\\ \ddot{\boldsymbol{r}}=\dfrac{\partial g}{\partial t}=\dfrac{\mathrm{d}g}{\mathrm{d}t}=-\dfrac{\mu}{r^3}\boldsymbol{r}\end{cases}\tag{3.4}$$

在考虑摄动时,基于常微分方程求解中的常数变异法,式(3.1)的解也可写成式(3.3)的形式,但此时轨道根数不再是常数,而是时间 t 的函数,即

$$\begin{cases}\boldsymbol{r}=f(a(t),e(t),i(t),\Omega(t),\omega(t),\tau(t),t)\\ \dot{\boldsymbol{r}}=g(a(t),e(t),i(t),\Omega(t),\omega(t),\tau(t),t)\end{cases}\tag{3.5}$$

对方程(3.5)两侧求导,可得

$$\begin{cases}\dot{\boldsymbol{r}}=\dfrac{\partial f}{\partial t}+\dfrac{\partial f}{\partial a}\dfrac{\mathrm{d}a}{\mathrm{d}t}+\dfrac{\partial f}{\partial e}\dfrac{\mathrm{d}e}{\mathrm{d}t}+\dfrac{\partial f}{\partial i}\dfrac{\mathrm{d}i}{\mathrm{d}t}+\dfrac{\partial f}{\partial \Omega}\dfrac{\mathrm{d}\Omega}{\mathrm{d}t}+\dfrac{\partial f}{\partial \omega}\dfrac{\mathrm{d}\omega}{\mathrm{d}t}+\dfrac{\partial f}{\partial \tau}\dfrac{\mathrm{d}\tau}{\mathrm{d}t}\\ \ddot{\boldsymbol{r}}=\dfrac{\partial g}{\partial t}+\dfrac{\partial g}{\partial a}\dfrac{\mathrm{d}a}{\mathrm{d}t}+\dfrac{\partial g}{\partial e}\dfrac{\mathrm{d}e}{\mathrm{d}t}+\dfrac{\partial g}{\partial i}\dfrac{\mathrm{d}i}{\mathrm{d}t}+\dfrac{\partial g}{\partial \Omega}\dfrac{\mathrm{d}\Omega}{\mathrm{d}t}+\dfrac{\partial g}{\partial \omega}\dfrac{\mathrm{d}\omega}{\mathrm{d}t}+\dfrac{\partial g}{\partial \tau}\dfrac{\mathrm{d}\tau}{\mathrm{d}t}\end{cases}\tag{3.6}$$

根据密切轨道的特性,即航天器在摄动力的作用下,在其实际轨道上的任意点可被看作相应的密切轨道上的点,并且在该点上实际轨道与密切轨道的速度矢量相等。据此,将式(3.4)的第一式代入式(3.6)的第一式,可得

$$\frac{\partial f}{\partial a}\frac{\mathrm{d}a}{\mathrm{d}t}+\frac{\partial f}{\partial e}\frac{\mathrm{d}e}{\mathrm{d}t}+\frac{\partial f}{\partial i}\frac{\mathrm{d}i}{\mathrm{d}t}+\frac{\partial f}{\partial \Omega}\frac{\mathrm{d}\Omega}{\mathrm{d}t}+\frac{\partial f}{\partial \omega}\frac{\mathrm{d}\omega}{\mathrm{d}t}+\frac{\partial f}{\partial \tau}\frac{\mathrm{d}\tau}{\mathrm{d}t}=0\tag{3.7}$$

考虑到实际轨道在某点的加速度与相应的密切轨道在该点的加速度是不同的,将式(3.4)与式(3.6)的第二式代入式(3.1),可以得到

$$\frac{\partial g}{\partial a}\frac{\mathrm{d}a}{\mathrm{d}t}+\frac{\partial g}{\partial e}\frac{\mathrm{d}e}{\mathrm{d}t}+\frac{\partial g}{\partial i}\frac{\mathrm{d}i}{\mathrm{d}t}+\frac{\partial g}{\partial \Omega}\frac{\mathrm{d}\Omega}{\mathrm{d}t}+\frac{\partial g}{\partial \omega}\frac{\mathrm{d}\omega}{\mathrm{d}t}+\frac{\partial g}{\partial \tau}\frac{\mathrm{d}\tau}{\mathrm{d}t}=\boldsymbol{a}\tag{3.8}$$

式(3.7)和式(3.8)共同构成方程组。在该方程组中,$\dfrac{\partial f}{\partial a}\cdots\dfrac{\partial f}{\partial \tau}$和$\dfrac{\partial g}{\partial a}\cdots\dfrac{\partial g}{\partial \tau}$已知,因此,利用它可以唯一确定轨道要素的变化率和摄动加速度之间的关系,即摄动方程。

下面来求取$\dfrac{\partial f}{\partial a}\cdots\dfrac{\partial f}{\partial \tau}$和$\dfrac{\partial g}{\partial a}\cdots\dfrac{\partial g}{\partial \tau}$的具体表达式。

根据 2.1.3 节中的式(2.24),将 $u=\omega+f$ 代入展开后得到

$$\begin{cases}x=l_1 r\cos f+l_2 r\sin f\\ y=m_1 r\cos f+m_2 r\sin f\\ z=n_1 r\cos f+n_2 r\sin f\end{cases}\tag{3.9}$$

其中,

$$\begin{cases}l_1=\cos\Omega\cos\omega-\sin\Omega\cos i\sin\omega\\ l_2=-\cos\Omega\sin\omega-\sin\Omega\cos i\cos\omega\\ m_1=\sin\Omega\cos\omega+\cos\Omega\cos i\sin\omega\\ m_2=-\sin\Omega\sin\omega+\cos\Omega\cos i\cos\omega\\ n_1=\sin i\sin\omega\\ n_2=\sin i\cos\omega\end{cases}\tag{3.10}$$

为运算方便，用偏近点角 E 代替真近点角 f，根据椭圆的特性，有

$$\begin{cases} r\cos f = a(\cos E - e) \\ r\sin f = a\sqrt{1-e^2}\sin E \end{cases} \tag{3.11}$$

将式(3.11)代入式(3.9)，可得

$$\begin{cases} x = l_1 a(\cos E - e) + l_2 a\sqrt{1-e^2}\sin E \\ y = m_1 a(\cos E - e) + m_2 a\sqrt{1-e^2}\sin E \\ z = n_1 a(\cos E - e) + n_2 a\sqrt{1-e^2}\sin E \end{cases} \tag{3.12}$$

将式(3.12)对长半轴 a 求偏导，可得

$$\begin{cases} \dfrac{\partial x}{\partial a} = l_1(\cos E - e) + l_2\sqrt{1-e^2}\sin E + (-l_1 a\sin E + l_2 a\sqrt{1-e^2}\cos E)\dfrac{\partial E}{\partial a} \\ \dfrac{\partial y}{\partial a} = m_1(\cos E - e) + m_2\sqrt{1-e^2}\sin E + (-m_1 a\sin E + m_2 a\sqrt{1-e^2}\cos E)\dfrac{\partial E}{\partial a} \\ \dfrac{\partial z}{\partial a} = n_1(\cos E - e) + n_2\sqrt{1-e^2}\sin E + (-l_1 a\sin E + l_2 a\sqrt{1-e^2}\cos E)\dfrac{\partial E}{\partial a} \end{cases} \tag{3.13}$$

其中，$\partial E/\partial a$ 可在开普勒方程两侧对长半轴 a 求偏导获得，即

$$\frac{\partial E}{\partial a} = -\frac{3}{2}\sqrt{\frac{\mu}{a^5}}\frac{t-\tau}{1-e\cos E} \tag{3.14}$$

将式(3.14)代入式(3.13)，可得 $\partial x/\partial a$，$\partial y/\partial a$，$\partial z/\partial a$ 的具体表达式。

在式(3.12)两侧对时间 t 求导，可以得到直角坐标系下速度分量的数学表达式：

$$\begin{cases} \dot{x} = (-l_1 a\sin E + l_2 a\sqrt{1-e^2}\cos E)\dfrac{\mathrm{d}E}{\mathrm{d}t} \\ \dot{y} = (-m_1 a\sin E + m_2 a\sqrt{1-e^2}\cos E)\dfrac{\mathrm{d}E}{\mathrm{d}t} \\ \dot{z} = (-n_1 a\sin E + n_2 a\sqrt{1-e^2}\cos E)\dfrac{\mathrm{d}E}{\mathrm{d}t} \end{cases} \tag{3.15}$$

根据开普勒方程可得

$$\frac{\mathrm{d}E}{\mathrm{d}t} = \sqrt{\frac{\mu}{a^3}}\frac{1}{1-e\cos E} \tag{3.16}$$

代入式(3.15)后可以得到

$$\begin{cases} \dot{x} = (-l_1\sin E + l_2\sqrt{1-e^2}\cos E)\sqrt{\dfrac{\mu}{a}}\dfrac{1}{1-e\cos E} \\ \dot{y} = (-m_1\sin E + m_2\sqrt{1-e^2}\cos E)\sqrt{\dfrac{\mu}{a}}\dfrac{1}{1-e\cos E} \\ \dot{z} = (-n_1\sin E + n_2\sqrt{1-e^2}\cos E)\sqrt{\dfrac{\mu}{a}}\dfrac{1}{1-e\cos E} \end{cases} \tag{3.17}$$

对上式中的长半轴 a 求偏导，可得

$$
\begin{cases}
\dfrac{\partial \dot{x}}{\partial a}=-\dfrac{1}{2}\left(-l_1\sin E+l_2\sqrt{1-e^2}\cos E\right)\dfrac{1}{1-e\cos E}\sqrt{\dfrac{\mu}{a^3}}+ \\
\qquad \dfrac{-l_1\cos E-l_2\sqrt{1-e^2}\sin E+l_1 e}{(1-e\cos E)^2}\sqrt{\dfrac{\mu}{a}}\dfrac{\partial E}{\partial a} \\
\dfrac{\partial \dot{y}}{\partial a}=-\dfrac{1}{2}\left(-m_1\sin E+m_2\sqrt{1-e^2}\cos E\right)\dfrac{1}{1-e\cos E}\sqrt{\dfrac{\mu}{a^3}}+ \\
\qquad \dfrac{-m_1\cos E-m_2\sqrt{1-e^2}\sin E+m_1 e}{(1-e\cos E)^2}\sqrt{\dfrac{\mu}{a}}\dfrac{\partial E}{\partial a} \\
\dfrac{\partial \dot{z}}{\partial a}=-\dfrac{1}{2}\left(-n_1\sin E+n_2\sqrt{1-e^2}\cos E\right)\dfrac{1}{1-e\cos E}\sqrt{\dfrac{\mu}{a^3}}+ \\
\qquad \dfrac{-n_1\cos E-n_2\sqrt{1-e^2}\sin E+n_1 e}{(1-e\cos E)^2}\sqrt{\dfrac{\mu}{a}}\dfrac{\partial E}{\partial a}
\end{cases}
\tag{3.18}
$$

基于同样的机理，可以获得 $x,y,z,\dot{x},\dot{y},\dot{z}$ 对其他轨道根数的偏导数，将其代入式(3.7)和式(3.8)共同构成的方程组中即可获得摄动方程的具体表达形式。

3.2.2 拉格朗日行星摄动方程

如果摄动力为保守力(力做的功不因路径的不同而改变)，也就是摄动加速度可用位函数的形式给出，则可以给出简化的摄动方程形式。设摄动位函数为 R，则摄动加速度可以表达成摄动位函数 R 的导数，即 $\left[\dfrac{\partial R}{\partial x},\dfrac{\partial R}{\partial y},\dfrac{\partial R}{\partial z}\right]^{\mathrm{T}}$，将该加速度代入式(3.8)，展开得到

$$
\begin{cases}
\sum\limits_{i=1}^{6}\dfrac{\partial^2 x}{\partial \alpha_i\partial t}\dfrac{\mathrm{d}\alpha_i}{\mathrm{d}t}=\dfrac{\partial R}{\partial x} \\
\sum\limits_{i=1}^{6}\dfrac{\partial^2 y}{\partial \alpha_i\partial t}\dfrac{\mathrm{d}\alpha_i}{\mathrm{d}t}=\dfrac{\partial R}{\partial y} \\
\sum\limits_{i=1}^{6}\dfrac{\partial^2 z}{\partial \alpha_i\partial t}\dfrac{\mathrm{d}\alpha_i}{\mathrm{d}t}=\dfrac{\partial R}{\partial z}
\end{cases}
\tag{3.19}
$$

将式(3.7)展开，可记为

$$
\begin{cases}
\sum\limits_{i=1}^{6}\dfrac{\partial x}{\partial \alpha_i}\dfrac{\mathrm{d}\alpha_i}{\mathrm{d}t}=0 \\
\sum\limits_{i=1}^{6}\dfrac{\partial y}{\partial \alpha_i}\dfrac{\mathrm{d}\alpha_i}{\mathrm{d}t}=0 \\
\sum\limits_{i=1}^{6}\dfrac{\partial z}{\partial \alpha_i}\dfrac{\mathrm{d}\alpha_i}{\mathrm{d}t}=0
\end{cases}
\tag{3.20}
$$

将式(3.20)中的三式两侧分别乘以 $\dfrac{\partial^2 x}{\partial \alpha_k\partial t}$，$\dfrac{\partial^2 y}{\partial \alpha_k\partial t}$ 和 $\dfrac{\partial^2 z}{\partial \alpha_k\partial t}$，与式(3.19)中的三式两侧分别乘以 $\dfrac{\partial x}{\partial \alpha_k}$，$\dfrac{\partial y}{\partial \alpha_k}$ 和 $\dfrac{\partial z}{\partial \alpha_k}$ 后相减，然后相加得到

$$\sum_{i=1}^{6}\left[\left(\frac{\partial x}{\partial \alpha_k}\frac{\partial^2 x}{\partial \alpha_i \partial t}-\frac{\partial x}{\partial \alpha_i}\frac{\partial^2 x}{\partial \alpha_k \partial t}\right)+\left(\frac{\partial y}{\partial \alpha_k}\frac{\partial^2 y}{\partial \alpha_i \partial t}-\frac{\partial y}{\partial \alpha_i}\frac{\partial^2 y}{\partial \alpha_k \partial t}\right)+\left(\frac{\partial z}{\partial \alpha_k}\frac{\partial^2 z}{\partial \alpha_i \partial t}-\frac{\partial z}{\partial \alpha_i}\frac{\partial^2 z}{\partial \alpha_k \partial t}\right)\right]\frac{\mathrm{d}\alpha_i}{\mathrm{d}t}$$

$$=\frac{\partial R}{\partial x}\frac{\partial x}{\partial \alpha_k}+\frac{\partial R}{\partial y}\frac{\partial y}{\partial \alpha_k}+\frac{\partial R}{\partial z}\frac{\partial z}{\partial \alpha_k}=\frac{\partial R}{\partial \alpha_k} \tag{3.21}$$

上式左端方括号的项记为

$$[a_k,a_j]=\left(\frac{\partial x}{\partial \alpha_k}\frac{\partial^2 x}{\partial \alpha_i \partial t}-\frac{\partial x}{\partial \alpha_i}\frac{\partial^2 x}{\partial \alpha_k \partial t}\right)+\left(\frac{\partial y}{\partial \alpha_k}\frac{\partial^2 y}{\partial \alpha_i \partial t}-\frac{\partial y}{\partial \alpha_i}\frac{\partial^2 y}{\partial \alpha_k \partial t}\right)+$$
$$\left(\frac{\partial z}{\partial \alpha_k}\frac{\partial^2 z}{\partial \alpha_i \partial t}-\frac{\partial z}{\partial \alpha_i}\frac{\partial^2 z}{\partial \alpha_k \partial t}\right) \tag{3.22}$$

称其为关于 a_k,a_j 的“拉格朗日括号”。因此，方程(3.21)可以写成

$$\sum_{i=1}^{6}[a_k,a_i]\frac{\mathrm{d}\alpha_i}{\mathrm{d}t}=\frac{\partial R}{\partial a_k}\quad (k=1,2,\cdots,6) \tag{3.23}$$

将上式展开可得

$$\begin{cases}\sum_{i=1}^{6}[a_1,a_i]\frac{\mathrm{d}\alpha_i}{\mathrm{d}t}=\frac{\partial R}{\partial a_1}\\ \sum_{i=1}^{6}[a_2,a_i]\frac{\mathrm{d}\alpha_i}{\mathrm{d}t}=\frac{\partial R}{\partial a_2}\\ \sum_{i=1}^{6}[a_3,a_i]\frac{\mathrm{d}\alpha_i}{\mathrm{d}t}=\frac{\partial R}{\partial a_3}\\ \sum_{i=1}^{6}[a_4,a_i]\frac{\mathrm{d}\alpha_i}{\mathrm{d}t}=\frac{\partial R}{\partial a_4}\\ \sum_{i=1}^{6}[a_5,a_i]\frac{\mathrm{d}\alpha_i}{\mathrm{d}t}=\frac{\partial R}{\partial a_5}\\ \sum_{i=1}^{6}[a_6,a_i]\frac{\mathrm{d}\alpha_i}{\mathrm{d}t}=\frac{\partial R}{\partial a_6}\end{cases} \tag{3.24}$$

从方程(3.24)可以看出，拉格朗日括号共 36 个。由拉格朗日括号的定义很容易得出

$$\begin{aligned}&[a_k,a_k]=0,\\&[a_k,a_j]=-[a_j,a_k]\end{aligned} \tag{3.25}$$

此外，由于摄动加速度存在 $\left[\frac{\partial^2 x}{\partial t^2},\frac{\partial^2 y}{\partial t^2},\frac{\partial^2 z}{\partial t^2}\right]^{\mathrm{T}}=\left[\frac{\partial R}{\partial x},\frac{\partial R}{\partial y},\frac{\partial R}{\partial z}\right]^{\mathrm{T}}$，则经过推导可以证明

$$\frac{\partial}{\partial t}[a_k,a_j]=0 \tag{3.26}$$

式(3.25)和式(3.26)构成了拉格朗日括号的 3 个重要性质。基于这 3 个性质，可以极大简化拉格朗日系数的求解。

已知 a_k ($k=1,2,\cdots,6$)分别对应轨道根数 a,e,i,Ω,ω,τ，首先推导 $[a_1,a_6]$，即 $[a,\tau]$。由拉格朗日括号的第三个特性可知，它对时间的偏导数为零，因此可以在轨道上的任意点对其进行计算。选择密切轨道的近地点 $t=\tau,E=0$，则由式(3.13)和式(3.18)分别可得

$$\begin{cases}\dfrac{\partial x}{\partial a}=l_1(1-e)\\[2mm]\dfrac{\partial y}{\partial a}=m_1(1-e)\\[2mm]\dfrac{\partial z}{\partial a}=n_1(1-e)\end{cases}\tag{3.27}$$

$$\begin{cases}\dfrac{\partial^2 x}{\partial a\partial t}=-\dfrac{1}{2}l_2\sqrt{\dfrac{\mu(1+e)}{a^3(1-e)}}\\[2mm]\dfrac{\partial^2 y}{\partial a\partial t}=-\dfrac{1}{2}m_2\sqrt{\dfrac{\mu(1+e)}{a^3(1-e)}}\\[2mm]\dfrac{\partial^2 z}{\partial a\partial t}=-\dfrac{1}{2}n_2\sqrt{\dfrac{\mu(1+e)}{a^3(1-e)}}\end{cases}\tag{3.28}$$

同理，将式(3.12)和式(3.17)对 τ 求偏导，同时令 $t=\tau,E=0$，可以得到

$$\begin{cases}\dfrac{\partial x}{\partial \tau}=-l_2\sqrt{\dfrac{\mu(1+e)}{a(1-e)}}\\[2mm]\dfrac{\partial y}{\partial \tau}=-m_2\sqrt{\dfrac{\mu(1+e)}{a(1-e)}}\\[2mm]\dfrac{\partial z}{\partial \tau}=-n_2\sqrt{\dfrac{\mu(1+e)}{a(1-e)}}\end{cases}\tag{3.29}$$

$$\begin{cases}\dfrac{\partial^2 x}{\partial \tau\partial t}=l_1\dfrac{\mu}{a^2(1-e)^2}\\[2mm]\dfrac{\partial^2 y}{\partial \tau\partial t}=m_1\dfrac{\mu}{a^2(1-e)^2}\\[2mm]\dfrac{\partial^2 z}{\partial \tau\partial t}=n_1\dfrac{\mu}{a^2(1-e)^2}\end{cases}\tag{3.30}$$

将式(3.27)～式(3.30)代入拉格朗日括号的定义，即对式(3.22)进行求解，可得

$$[a,\tau]=\frac{\mu}{a^2(1-e)}(l_1^2+m_1^2+n_1^2)-\frac{1}{2}\frac{\mu(1+e)}{a^2(1-e)}(l_2^2+m_2^2+n_2^2)\tag{3.31}$$

由于 $l_1^2+m_1^2+n_1^2=l_2^2+m_2^2+n_2^2=1$，所以

$$[a,\tau]=\frac{\mu}{2a^2}\tag{3.32}$$

利用相同的方法可以求得其他拉格朗日括号的具体表达式为

$$\begin{cases}[a,\Omega]=-\dfrac{1}{2}\sqrt{\dfrac{\mu}{a}}(1-e^2)\cos i\\[2mm][a,\omega]=-\dfrac{1}{2}\sqrt{\dfrac{\mu}{a}(1-e^2)}\\[2mm][e,\Omega]=\sqrt{\dfrac{\mu a}{1-e^2}}e\cos i\\[2mm][e,\omega]=e\sqrt{\dfrac{\mu a}{1-e^2}}\\[2mm][i,\Omega]=\sqrt{\mu a(1-e^2)}\sin i\end{cases}\tag{3.33}$$

将式(3.33)代入式(3.24),可以得到拉格朗日行星摄动方程,其具体形式为

$$\begin{cases}\dfrac{\mathrm{d}a}{\mathrm{d}t}=-\dfrac{2a^2}{\mu}\dfrac{\partial R}{\partial \tau}\\ \dfrac{\mathrm{d}e}{\mathrm{d}t}=\dfrac{a(1-e^2)}{\mu e}\dfrac{\partial R}{\partial \tau}-\dfrac{\sqrt{1-e^2}}{na^2 e}\dfrac{\partial R}{\partial \omega}\\ \dfrac{\mathrm{d}i}{\mathrm{d}t}=\dfrac{\cos i}{na^2\sqrt{1-e^2}\sin i}\dfrac{\partial R}{\partial \omega}-\dfrac{1}{na^2\sqrt{1-e^2}\sin i}\dfrac{\partial R}{\partial \Omega}\\ \dfrac{\mathrm{d}\Omega}{\mathrm{d}t}=\dfrac{1}{na^2\sqrt{1-e^2}\sin i}\dfrac{\partial R}{\partial i}\\ \dfrac{\mathrm{d}\omega}{\mathrm{d}t}=\dfrac{\sqrt{1-e^2}}{na^2 e}\dfrac{\partial R}{\partial e}-\dfrac{\cos i}{na^2\sqrt{1-e^2}\sin i}\dfrac{\partial R}{\partial i}\\ \dfrac{\mathrm{d}\tau}{\mathrm{d}t}=\dfrac{a(1-e^2)}{\mu e}\dfrac{\partial R}{\partial e}+\dfrac{2a^2}{\mu}\dfrac{\partial R}{\partial a}\end{cases}\tag{3.34}$$

其中,n 为航天器运动的平均角速度。

上述方程是拉格朗日在讨论行星运动时首先提出的,因此称为“拉格朗日行星摄动方程”。为了实际运算方便,常用平近点角 M 代替过近地点时刻 τ,此时拉格朗日行星摄动方程改为

$$\begin{cases}\dfrac{\mathrm{d}a}{\mathrm{d}t}=\dfrac{2}{na}\dfrac{\partial R}{\partial M}\\ \dfrac{\mathrm{d}e}{\mathrm{d}t}=\dfrac{1-e^2}{na^2 e}\dfrac{\partial R}{\partial M}-\dfrac{\sqrt{1-e^2}}{na^2 e}\dfrac{\partial R}{\partial \omega}\\ \dfrac{\mathrm{d}i}{\mathrm{d}t}=\dfrac{\cos i}{na^2\sqrt{1-e^2}\sin i}\dfrac{\partial R}{\partial \omega}-\dfrac{1}{na^2\sqrt{1-e^2}\sin i}\dfrac{\partial R}{\partial \Omega}\\ \dfrac{\mathrm{d}\Omega}{\mathrm{d}t}=\dfrac{1}{na^2\sqrt{1-e^2}\sin i}\dfrac{\partial R}{\partial i}\\ \dfrac{\mathrm{d}\omega}{\mathrm{d}t}=\dfrac{\sqrt{1-e^2}}{na^2 e}\dfrac{\partial R}{\partial e}-\dfrac{\cos i}{na^2\sqrt{1-e^2}\sin i}\dfrac{\partial R}{\partial i}\\ \dfrac{\mathrm{d}M}{\mathrm{d}t}=n-\dfrac{1-e^2}{na^2 e}\dfrac{\partial R}{\partial e}-\dfrac{2}{na}\dfrac{\partial R}{\partial a}\end{cases}\tag{3.35}$$

拉格朗日行星摄动方程要求已知摄动力的位函数,若摄动力为耗散力,例如大气阻力,该方程就无法使用。为此,必须建立更普遍的方程,使之适用于各种摄动力。

3.2.3　高斯型摄动方程

建立轨道坐标系 $Orth$,原点位于航天器当前所处位置,r 指向航天器矢径方向(径向),h 沿轨道平面正法向方向(法向),t 方向(横向)与 r,h 构成右手系。设任意时刻作用在航

天器上的摄动加速度分解为 $Orth$ 下相互垂直的 3 个分量 f_r, f_t, f_h，进行坐标转换可以得到地心惯性坐标系下这 3 个分量的表现形式，即

$$\begin{bmatrix} f_X \\ f_Y \\ f_Z \end{bmatrix} = \begin{bmatrix} l'_1 & l'_2 & l'_3 \\ m'_1 & m'_2 & m'_3 \\ n'_1 & n'_2 & n'_3 \end{bmatrix} \begin{bmatrix} f_r \\ f_t \\ f_h \end{bmatrix} \tag{3.36}$$

其中，

$$\begin{cases} l'_1 = \cos\Omega\cos u - \sin\Omega\cos i\sin u \\ l'_2 = -\cos\Omega\sin u - \sin\Omega\cos i\cos u \\ l'_3 = \sin\Omega\sin i \\ m'_1 = \sin\Omega\cos u + \cos\Omega\cos i\sin u \\ m'_2 = -\sin\Omega\sin u + \cos\Omega\cos i\cos u \\ m'_3 = -\cos\Omega\sin i \\ n'_1 = \sin i\sin u \\ n'_2 = \sin i\cos u \\ n'_3 = \cos i \end{cases} \tag{3.37}$$

则可知

$$\begin{cases} \dfrac{\partial R}{\partial x} = f_X = l'_1 f_r + l'_2 f_t + l'_3 f_h \\ \dfrac{\partial R}{\partial y} = f_Y = m'_1 f_r + m'_2 f_t + m'_3 f_h \\ \dfrac{\partial R}{\partial z} = f_Z = n'_1 f_r + n'_2 f_t + n'_3 f_h \end{cases} \tag{3.38}$$

根据上述方程，可获得摄动位函数对轨道要素的偏导数 $\dfrac{\partial R}{\partial a_k}(k=1,2,\cdots,6)$，即

$$\begin{cases} \dfrac{\partial R}{\partial a} = \dfrac{r}{a} f_r \\ \dfrac{\partial R}{\partial e} = -a\cos f \cdot f_r + \left(a + \dfrac{r}{1-e^2}\right)\sin f \cdot f_t \\ \dfrac{\partial R}{\partial i} = r\sin u \cdot f_h \\ \dfrac{\partial R}{\partial \Omega} = r\cos i \cdot f_t - r\cos u\sin i \cdot f_h \\ \dfrac{\partial R}{\partial \omega} = r \cdot f_t \\ \dfrac{\partial R}{\partial M} = \dfrac{ae\sin f}{\sqrt{1-e^2}} \cdot f_r + \dfrac{a^2}{r}\sqrt{1-e^2} \cdot f_t \end{cases} \tag{3.39}$$

将式(3.39)代入拉格朗日行星摄动方程，可得

$$
\begin{cases}
\dfrac{\mathrm{d}a}{\mathrm{d}t}=\dfrac{2\left[e\sin f\cdot f_r+(1+e\cos f)\cdot f_t\right]}{n\sqrt{1-e^2}} \\
\dfrac{\mathrm{d}e}{\mathrm{d}t}=\dfrac{\sqrt{1-e^2}}{na}\left[\sin f\cdot f_r+(\cos f+\cos E)\cdot f_t\right] \\
\dfrac{\mathrm{d}i}{\mathrm{d}t}=\dfrac{r\cos u}{na^2\sqrt{1-e^2}}f_h \\
\dfrac{\mathrm{d}\Omega}{\mathrm{d}t}=\dfrac{r\sin u}{na^2\sqrt{1-e^2}\sin i}f_h \\
\dfrac{\mathrm{d}\omega}{\mathrm{d}t}=\dfrac{\sqrt{1-e^2}}{nae}\left[-\cos f\cdot f_r+\sin f\left(1+\dfrac{r}{p}\right)\cdot f_t\right]-\cos i\cdot\dfrac{\mathrm{d}\Omega}{\mathrm{d}t} \\
\dfrac{\mathrm{d}M}{\mathrm{d}t}=n+\dfrac{1-e^2}{nae}\left[\left(\cos f-2e\dfrac{r}{p}\right)\cdot f_r-\left(1+\dfrac{r}{p}\right)\sin f\cdot f_t\right]
\end{cases}
\tag{3.40}
$$

其中，$p=a(1-e^2)$，为圆锥曲线的半通径。

上述摄动方程是高斯在研究木星对智神星(即二号小行星)的一阶摄动时首先提出的，称为“高斯型摄动方程”，也称为“高斯型拉格朗日方程”。高斯型摄动方程以摄动加速度分量的形式给出，适用于任何摄动力，特别是在轨道控制方面。由该方程可知，如果要改变轨道根数 a,e,M，需要施加轨道平面内的力；而轨道根数 Ω,i 的改变则只与轨道平面法向方向的力相关。

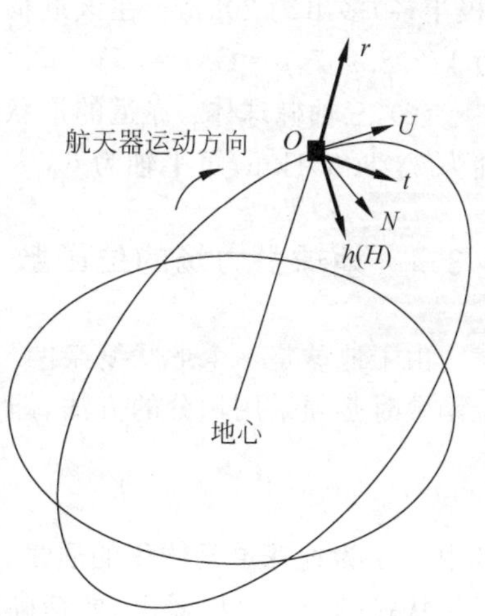

图 3.3　轨道坐标 $Orth$ 与 $OUNH$

基于同样的机理，还可以给出轨道坐标系 $OUNH$ 下的高斯型摄动方程。轨道坐标系 $OUNH$ 的定义为原点 O 位于航天器当前所处位置；U 指向切向方向，即航天器的运动方向；H 为轨道平面法向量；N 方向(也称为“轨道面内的法向量”)由右手定则确定。轨道坐标系 $OUNH$ 与坐标系 $Orth$ 的关系如图 3.3 所示。

在轨道坐标系 $OUNH$ 下，高斯型摄动方程的形式为

$$
\begin{cases}
\dfrac{\mathrm{d}a}{\mathrm{d}t}=\dfrac{2(1+2e\cos f+e^2)^{1/2}\cdot f_U}{n\sqrt{1-e^2}} \\
\dfrac{\mathrm{d}e}{\mathrm{d}t}=\dfrac{\sqrt{1-e^2}(1+2e\cos f+e^2)^{-1/2}}{na}\times\left[2(\cos f+e)\cdot f_U-\sqrt{1-e^2}\sin E\cdot f_N\right] \\
\dfrac{\mathrm{d}\omega}{\mathrm{d}t}=\dfrac{\sqrt{1-e^2}(1+2e\cos f+e^2)^{-1/2}}{nae}\times \\
\qquad\left[2\sin f\cdot f_U+(\cos E+e)\cdot f_N\right]-\cos i\cdot\dfrac{\mathrm{d}\Omega}{\mathrm{d}t} \\
\dfrac{\mathrm{d}M}{\mathrm{d}t}=n-\dfrac{(1-e^2)(1+2e\cos f+e^2)^{-1/2}}{nae}\times \\
\qquad\left[\left(2\sin f+\dfrac{2e^2}{\sqrt{1-e^2}}\sin E\right)\cdot f_U-(\cos E-e)\cdot f_N\right]
\end{cases}
\tag{3.41}
$$

其中，$\frac{di}{dt}$和$\frac{d\Omega}{dt}$的表达式与式(3.40)相同。

3.3 地球非球形摄动

由于每日自转，地球是一个形状复杂的不规则椭球体，不能完全等效为圆球。地球非球形部分对航天器轨道造成的影响就是地球非球形摄动，其本质仍然是万有引力。地球引力为有势力，引力位函数可写为

$$U=\frac{\mu}{r}+\Delta U \tag{3.42}$$

其中，ΔU 为地球非球形部分的引力位。当 $\Delta U=0$ 时，地球为匀质圆球。

根据不同需要，可将该不规则椭球体作以下近似。

(1) 旋转椭球体：由一个椭圆绕其短轴旋转所成，其中椭圆的长轴(赤道半径)比短轴(极半径)多出约 20km。在该近似中，地球赤道半径 a 为 6378.140km，扁率 $\alpha=(a-c)/a$ 为 1/298.257，$\mu=GM=398\ 600.5\text{km}^3/\text{s}^2$。

(2) 三轴椭球体：赤道的形状为椭圆形，南北半球对称。根据测量，地球赤道椭圆长半轴为 6378.351km，短半轴为 6378.139km，赤道扁率为 1/30 000，长轴方向在西经 35°附近。

3.3.1 地球引力场的位函数

由于地球是一个形状复杂的不规则椭球体，密度分布也并不均匀，因此，求解地球引力位函数时必须采用积分的方法，即

$$V=f\int_M \frac{\mathrm{d}m}{\rho} \tag{3.43}$$

其中，$\mathrm{d}m$ 为地球单元体积的质量，ρ 为 $\mathrm{d}m$ 至地球单位体积的距离。

从式(3.43)可以看出，要精确求出位函数，必须已知地球表面的形状和地球内部的密度分布，这在目前还很难做到。假设在地球密度分布均匀的情况下，应用球函数展开式可以导出地球引力位的标准表达式：

$$V_{\text{NSE}}=\frac{GM}{r}\left[1+\sum_{n=2}^{\infty}\sum_{m=0}^{n}\left(\frac{a_{\text{E}}}{r}\right)^n P_{nm}(\sin\varphi)(C_{nm}\cos m\lambda+S_{nm}\sin m\lambda)\right] \tag{3.44}$$

或写成

$$\begin{aligned}V_{\text{NSE}}=&\frac{GM}{r}-\frac{GM}{r}\sum_{n=2}^{\infty}\left(\frac{a_{\text{E}}}{r}\right)^n J_n P_n(\sin\varphi)+\\&\frac{GM}{r}\sum_{n=2}^{\infty}\sum_{m=1}^{n}\left(\frac{a_{\text{E}}}{r}\right)^n P_{nm}(\sin\varphi)(C_{nm}\cos m\lambda+S_{nk}m\sin m\lambda)\end{aligned} \tag{3.45}$$

其中，a_{E} 为地球长半轴；r,φ,λ 为航天器在地固系下的地心距、地心纬度和地心经度；$P_n(\sin\varphi)$为勒让德函数；$P_{nm}(\sin\varphi)$为归一化的勒让德函数(也称为“综合勒让德函数”)。

在式(3.45)中，右侧第一项为地球为圆球时所具有的引力位。第二项为带谐项，其中，$J_n=-C_{n0}$，称为“带谐项系数”，反映了中心天体非球形引力位的旋转对称部分。第三项反映的是中心天体非球形引力位的非旋转对称部分，其中，$n\neq m$ 的部分称为“田谐系数”，$n=m$ 的部分称为“扇谐系数”。

由上述公式可知，若知道所有谐系数的值，就可以精确给出地球的引力位函数。然而，由于地球内部的质量分布未知，谐系数并不能完全给出。目前，地球谐系数的确定一般通过大地测量(地面重力场测量和卫星测量)给出。随着空间事业的发展，观测数据不断增多，谐系数的求解也日趋完善。考虑到重力场模型的军事用途，美国国家航空航天局(National Aeronautics and Space Administration，NASA)戈达德太空飞行中心(Goddard Space Flight Center，GSFC)于 1972 年开始建立了一系列重力场模型，从 GEM1 到 GEM10，其中 GEM-10C 给出了 $n=180$ 的 3 万多个谐系数。

3.3.2 勒让德函数的求解

在进行地球引力位函数分析时，需要计算勒让德函数。勒让德函数和综合勒让德函数分别定义为

$$P_n(x)=\frac{1}{2^n n!}\frac{\mathrm{d}^n}{\mathrm{d}x^n}(x^2-1)^n \tag{3.46}$$

$$P_{nm}(x)=(1-x^2)^{m/2}\frac{\mathrm{d}^m}{\mathrm{d}x^m}P_n(x) \tag{3.47}$$

综合上述两式，并令 $x=\sin\varphi$，可以得到地球引力位函数中的综合勒让德函数：

$$P_{nm}(\sin\varphi)=\frac{\cos^m\varphi}{2^n n!}\frac{\mathrm{d}^{n+m}}{\mathrm{d}(\sin\varphi)^{n+m}}(\sin^2\varphi-1)^n \tag{3.48}$$

对 $(\sin^2\varphi-1)^n$ 进行级数展开，可得

$$(\sin^2\varphi-1)^n=\sum_{k=0}^{n}(-1)^k\binom{n}{k}\sin^{2(n-k)}\varphi \tag{3.49}$$

将式(3.49)代入式(3.48)并进行求解，可得

$$P_{nm}(\sin\varphi)=\frac{\cos^m\varphi}{2^n n!}\sum_{k=1}^{n}(-1)^k\binom{n}{k}\frac{(2n-2k)!}{(n-2k-m)!}\sin^{n-2k-m}\varphi \tag{3.50}$$

由上述公式可以看出，已知采用的地球引力位的阶数(n,m)、航天器在地固系下的地心纬度，就可计算获得综合勒让德函数的数值。然而，值得注意的是，当 n 取值较大时，上述多项式中会出现较大的值，且在求和中大数相减，严重损失有效位数，会导致计算精度的降低。因此，在实际计算中，一般采用递推计算的方式进行计算。递推计算的方法有很多，这里介绍其中一种较为有效的方式。具体的递推公式为

$$\begin{cases}
P_{11}(x)=\sqrt{3}(1-x^2)^{1/2}\\
P_{nn}(x)=\left(\dfrac{2n+1}{2n}\right)^{1/2}(1-x^2)^{1/2}P_{n-1,n-1}(x),n\geqslant 2\\
P_{n1}(x)=\left[\dfrac{(2n+1)(2n-1)}{(n+1)(n-1)}\right]^{1/2}xP_{n-1,1}(x)-\\
\qquad\left[\dfrac{(2n+1)n(n-2)}{(2n-3)(n+1)(n-1)}\right]^{1/2}P_{n-2,1}(x),n\geqslant 2\\
P_{nm}(x)=\left[\dfrac{(2n+1)(2n-1)}{(n+m)(n+m-1)}\right]^{1/2}\times\\
\qquad\left\{(1-x^2)^{1/2}P_{n-1,m-1}(x)+\left[\dfrac{(n-m)(n-m-1)}{(2n-1)(2n-3)}\right]^{1/2}P_{n-2,m}(x)\right\}\\
\qquad l\geqslant 3,m=2,3,4,\cdots,n-1
\end{cases} \tag{3.51}$$

3.3.3 平均根数法

所谓平均轨道根数(mean orbital element)就是消去短周期变化项的轨道根数。由于只考虑长期变化项,平均轨道根数反映的是轨道的长期变化趋势,大大简化了轨道摄动分析。平均根数法将摄动影响分解为长期项摄动、长周期项摄动和短周期项摄动,则摄动加速度矢量(或者位函数)可写为如下形式:

$$R = R_c + R_l + R_s \tag{3.52}$$

其中,R_c 仅与 a, e, i 有关,会造成轨道根数的长期变化;R_l 与 Ω, ω 相关,对应轨道根数的长周期变化;R_s 是 M 的周期函数,对应轨道根数的短周期变化。

为将不同类型的摄动函数(位函数)分解成不同性质的长期项、长周期项和短周期项,可对该摄动加速度矢量(或者位函数)在轨道周期内进行时间积分,即

$$\bar{R} = \frac{1}{T}\int_0^T R(t)\mathrm{d}t \tag{3.53}$$

其中,$\bar{R}$ 对应轨道周期内的平均值,T 为轨道周期。

显然,短周期项为

$$R_s = R - \bar{R} \tag{3.54}$$

剩余的 $\bar{R}$ 根据其性质进行分解,仅与 a, e, i 相关的,对应为长期项 R_c;与 Ω, ω 相关的,对应为长周期项 R_l。

航天器轨道摄动函数有多种形式,但需要通过求解平均值来分离短周期项的,主要包括以下 4 种形式:

$$\left(\frac{a}{r}\right)^p \sin qf,\quad \left(\frac{a}{r}\right)^p \cos qf,\quad \left(\frac{a}{r}\right)^p (f-M)\sin qf,\quad \left(\frac{a}{r}\right)^p (f-M)\cos qf$$

其中,p, q 为正整数和零。

这 4 种形式平均值的求解和解的形式已经在很多书中进行了描述,这里不再赘述。

3.3.4 摄动影响分析

地球非球形部分对航天器轨道的影响是十分复杂的。为研究问题的方便,在近地轨道设计中,经常将地球近似为旋转椭球体,即仅考虑带谐项,在此情况下地球的引力位函数可简化为

$$R = \frac{GM}{r}\left[1 - \sum_{n=2}^{\infty} J_n \left(\frac{a_E}{r}\right)^n P_n(\sin\phi)\right] \tag{3.55}$$

其中,$J_2 = 1.0826\times10^{-3}$;$J_3 = -2.54\times10^{-6}$;$J_4 = -1.619\times10^{-6}$。

航天器当前时刻的地心纬度ϕ可由球面三角形公式得到,即

$$\sin\phi = \sin i \sin(f+\omega) \tag{3.56}$$

为了计算方便,首先对长度、质量和时间单位进行变换。取长度单位为地球参考椭球赤道半径,即 $a_E = 6\,378\,160\mathrm{m}$,质量单位为地球质量;时间单位为

$$T=\left(\frac{a_{\mathrm{E}}^{3}}{fM}\right)^{1/2}=806.8116\mathrm{s} \tag{3.57}$$

在此单位下，式(3.54)可转换为

$$R=1-\sum_{n=2}^{\infty}\frac{J_n}{r^{n+1}}P_n(\sin\phi) \tag{3.58}$$

若只考虑地球非球形的 J_2,J_3,J_4 项，将上述摄动位函数展开后可得

$$R=-\frac{J_2}{r^3}\left(\frac{3}{2}\sin^2\phi-\frac{1}{2}\right)-\frac{J_3}{r^4}\left(\frac{5}{2}\sin^3\phi-\frac{3}{2}\sin\phi\right)-\frac{J_4}{r^5}\left(\frac{35}{8}\sin^4\phi-\frac{15}{4}\sin^2\phi+\frac{3}{8}\right) \tag{3.59}$$

进一步将式(3.56)代入并进行适当变换，可以得到

$$\begin{aligned}R=&\frac{3J_2}{2a^3}\left(\frac{a}{r}\right)^3\left[\left(-\frac{1}{2}\sin^2 i+\frac{1}{3}\right)+\frac{1}{2}\sin^2 i\cos2(f+\omega)\right]+\\&\frac{-J_3}{a^4}\left(\frac{a}{r}\right)^4\sin i\left[\left(\frac{15}{8}\sin^2 i-\frac{3}{2}\right)\sin(f+\omega)-\frac{5}{8}\sin^2 i\sin3(f+\omega)\right]+\\&\frac{-35J_4}{8a^5}\left(\frac{a}{r}\right)^5\begin{bmatrix}\left(\frac{3}{8}\sin^4 i-\frac{3}{7}\sin^2 i+\frac{3}{35}\right)+\\\left(-\frac{1}{2}\sin^2 i+\frac{3}{7}\right)\sin^2 i\cos2(f+\omega)+\\\frac{1}{8}\sin^4 i\cos4(f+\omega)\end{bmatrix}\end{aligned} \tag{3.60}$$

下面，利用平均根数法对上述摄动函数进行分析。

由式(3.60)的形式可以看出，若对其进行短周期项(与 f 相关的项)分离，则涉及的主要函数形式为 $\left(\frac{a}{r}\right)^p\sin qf,\left(\frac{a}{r}\right)^p\cos qf$。有

$$\begin{cases}\overline{\left(\frac{a}{r}\right)^p\sin qf}=0\\\overline{\left(\frac{a}{r}\right)^p\cos qf}=0,\quad(p\geqslant2,q\geqslant p-1)\\\overline{\left(\frac{a}{r}\right)^3}=(1-e^2)^{-3/2}\\\overline{\left(\frac{a}{r}\right)^4}=e(1-e^2)^{-5/2}\\\overline{\left(\frac{a}{r}\right)^5}=\left(1+\frac{3}{2}e^2\right)(1-e^2)^{-7/2}\\\overline{\left(\frac{a}{r}\right)^5\cos2f}=\frac{3}{4}e^2(1-e^2)^{-7/2}\end{cases} \tag{3.61}$$

下面分别对带谐项的 J_2,J_3 和 J_4 项进行分析。

首先对 J_2 项进行积分，可以得到

$$\overline{R_{J_2}} = \frac{3J_2}{2a^3}\left(-\frac{1}{2}\sin^2 i + \frac{1}{3}\right)(1-e^2)^{-3/2} \tag{3.62}$$

式(3.62)中仅与 a,e,i 相关,因此可知 J_2 项摄动只包含长期项,不包含长周期项,即

$$R_{c(J_2)} = \overline{R_{J_2}}, R_{l(J_2)} = 0 \tag{3.63}$$

则对应 J_2 项的短周期项可由式(3.54)获得:

$$R_{s(J_2)} = \frac{3J_2}{2a^3}\left(-\frac{1}{2}\sin^2 i + \frac{1}{3}\right)\left[\left(\frac{a}{r}\right)^3 - (1-e^2)^{-3/2}\right] + \frac{1}{2}\left(\frac{a}{r}\right)^3 \sin^2 i\cos 2(f+\omega) \tag{3.64}$$

然后对 J_3 项进行轨道周期内积分,可以得到

$$\overline{R_{J_3}} = \frac{-J_3}{a^4}\sin i\sin\omega\left(\frac{15}{8}\sin^2 i - \frac{3}{2}\right)e(1-e^2)^{-5/2} \tag{3.65}$$

对上式进行分析,可知 $\overline{R_{J_3}}$ 不存在仅与 a,e,i 相关的项,因此 J_3 项摄动不存在长期项摄动,存在与 ω 相关的项,存在长周期项,即

$$R_{c(J_3)} = 0,\quad R_{l(J_3)} = \overline{R_{J_3}} \tag{3.66}$$

则对应 J_3 项的短周期项为

$$R_{s(J_3)} = \frac{-J_3}{a^4}\left(\frac{a}{r}\right)^4 \sin i\left[\left(\frac{15}{8}\sin^2 i - \frac{3}{2}\right)\sin(f+\omega) - \frac{5}{8}\sin^2 i\sin 3(f+\omega)\right] + \frac{J_3}{a^4}\sin i\sin\omega\left(\frac{15}{8}\sin^2 i - \frac{3}{2}\right)e(1-e^2)^{-5/2} \tag{3.67}$$

最后对 J_4 项进行积分,可以得到

$$\overline{R_{J_4}} = \frac{-35J_4}{8a^5}\begin{bmatrix}\left(\frac{3}{8}\sin^4 i - \frac{3}{7}\sin^2 i + \frac{3}{35}\right)\left(1+\frac{3}{2}e^2\right)(1-e^2)^{-7/2} + \\ \frac{3}{4}e^2\left(-\frac{1}{2}\sin^2 i + \frac{3}{7}\right)\sin^2 i\cos 2\omega(1-e^2)^{-7/2}\end{bmatrix} \tag{3.68}$$

上式中右侧的第一项仅与 a,e,i 相关,为长期项,即

$$R_{c(J_4)} = \frac{-35J_4}{8a^5}\left(\frac{3}{8}\sin^4 i - \frac{3}{7}\sin^2 i + \frac{3}{35}\right)\left(1+\frac{3}{2}e^2\right)(1-e^2)^{-7/2} \tag{3.69}$$

第二项存在与 ω 相关的项,为长周期项,即

$$R_{l(J_4)} = \frac{-105J_4}{32a^5}e^2\left(-\frac{1}{2}\sin^2 i + \frac{3}{7}\right)\sin^2 i\cos 2\omega(1-e^2)^{-7/2} \tag{3.70}$$

则对应 J_4 项的短周期项为

$$R_{s(J_4)} = \frac{-35J_4}{8a^5}\left(\frac{a}{r}\right)^5\begin{bmatrix}\left(\frac{3}{8}\sin^4 i - \frac{3}{7}\sin^2 i + \frac{3}{35}\right) + \\ \left(-\frac{1}{2}\sin^2 i + \frac{3}{7}\right)\sin^2 i\cos 2(f+\omega) + \\ \frac{1}{8}\sin^4 i\cos 4(f+\omega)\end{bmatrix} - \overline{R_{J_4}} \tag{3.71}$$

若认为 $J_2 = O(\varepsilon)$,J_3 和 $J_4 = O(\varepsilon^2)$,则在考虑地球非球形的 J_2,J_3,J_4 项的情况下,

地球非球形摄动位函数可记作

$$R=R_c+R_l+R_s=R_{1c}+R_{2c}+R_{1l}+R_{2l}+R_{1s}+R_{2s} \tag{3.72}$$

式(3.72)右侧表达式中的下标1代表一阶小量，由 J_2 项引起；下标2代表二阶小量，由 J_3，J_4 项引起。具体可表述为

$$\begin{cases} R_c=R_{1c}+R_{2c}, & R_{1c}=R_{c(J_2)}, R_{2c}=R_{c(J_4)} \\ R_l=R_{1l}+R_{2l}, & R_{1l}=0, R_{2l}=R_{l(J_3)}+R_{l(J_4)} \\ R_s=R_{1s}+R_{2s}, & R_{1s}=R_{s(J_2)}, R_{2l}=R_{s(J_3)}+R_{s(J_4)} \end{cases} \tag{3.73}$$

将上述位函数代入拉格朗日方程，即可获得航天器轨道根数在地球非球形(J_2，J_3，J_4)摄动下的变化规律，以及地球非球形摄动对轨道根数造成的长期项、长周期项和短周期项影响。

若仅考虑 J_2 项摄动，忽略短周期项影响，则可以得到

$$\begin{cases} \dot{a}=0 \\ \dot{e}=0 \\ \dot{i}=0 \\ \dot{\Omega}=-\dfrac{3J_2a_E^2}{2p^2}n\cos i \\ \dot{M}=\dfrac{3J_2a_E^2}{2p^2}n\left(2-\dfrac{5}{2}\sin^2 i\right) \\ \dot{\omega}=\dfrac{3J_2a_E^2}{2p^2}n\left(1-\dfrac{3}{2}\sin^2 i\right)\sqrt{1-e^2} \end{cases} \tag{3.74}$$

由式(3.74)可知，地球非球形的 J_2 项摄动使轨道平面产生进动，因而产生 $\Delta\Omega$。对于顺行轨道($i<90°$)，$\dot{\Omega}<0$，交点西退；对于逆行轨道($i>90°$)，$\dot{\Omega}>0$，交点东进。i 越小，$\dot{\Omega}$ 值越大；当 $i=90°$时，轨道面不进动。近地点的进动率 $\dot{\omega}$ 很难从物理上解释，具体体现为轨道长半轴(拱线)在轨道面内的转动。当 $i=63.4°$或 $116.4°$时，近地点保持不动，该倾角被称为"临界倾角"；当 $i<63.4°$时，长轴转动方向和航天器运动方向一致，近地点东进；当 $i>63.4°$时，长轴转动方向和航天器运动方向相反，近地点西退。

3.4　大气阻力摄动

航天器在近地空间内飞行，不可避免地会受到大气的影响。与地球非球形摄动不同，大气阻力是耗散力，会使航天器在轨道的整体能量减少，从而直接影响低轨航天器的寿命。

3.4.1　大气摄动方程

大气对低轨航天器的主要作用包括两个方面：

- 阻力：方向与航天器相对于气流的运动速度方向相反；
- 升力和法向力：力的方向垂直于相对速度。

在研究大气阻力摄动对航天器的影响时，大多数情况下可以将后两种力，也就是升力和

法向力忽略不计，主要考虑大气阻力。大气阻力加速度的大小与航天器所处高度的大气状态以及航天器本身的外形等都相关，具体可以表述为

$$f = -\frac{1}{2} C_D \frac{S}{m} \rho v \boldsymbol{v} \tag{3.75}$$

其中，C_D 是阻力系数，为无量纲量，描述大气与航天器表面材料的相互作用(包括航天器表面材料、大气的化学成分、分子重量以及碰撞粒子等)，一般的取值范围为 1.5～3.0。若航天器为球体，可粗略地认为 $C_D=2$；对于非球形的凸状航天器，C_D 的典型值为 2.0～2.3；S/m 为航天器面质比，S 为相对大气阻力而言的有效截面积，m 为航天器质量；ρ 为航天器所处位置的大气密度；$\boldsymbol{v}$ 为航天器相对于大气的运动速度。

研究航天器相对于大气的运动速度时，需要考虑一个问题，就是大气是静止的还是运动的。总的来说，大气的运动主要源于地球的自转，若大气的旋转角速度为 ω_a，地球自转角速度为 ω_e，则在 200km 以下，一般认为 $\omega_a=\omega_e$；而在 200km 以上则有

$$\omega_a = (0.8 \sim 1.4)\,\omega_e \tag{3.76}$$

很显然，根据式(3.75)，静止大气和旋转大气中的大气阻力摄动加速度有着明显区别。

3.4.2 大气密度模型

高层大气密度与多种不同的参数都有关系，最为明显的就是随高度的增加而减小。由于重力的作用，大气密度随高度增加而减小，且减小的速度随高度的增加而变慢，等密度面接近于地球形状。基于这个认识，根据流体静力学可构建“一维大气密度模型”，即地心距 r 处的大气密度为

$$\rho = \rho_0 \mathrm{e}^{-(r-r_0)/H} \tag{3.77}$$

其中，ρ_0 为参考球面 $r=r_0$ 上的大气密度；H 为密度标高，平均海平面处为 7.9km，该值随着大地高度的升高而升高。

由于大气密度随着高度的变化越到高层越慢，因此密度标高 H 是一个变化量，且随着高度的增加而缓慢变大。当高度在 200～600km 时，H 的变化可以简化为

$$H = H_0 + \frac{\mu}{2}(r - r_0) \tag{3.78}$$

其中，H_0 对应 $r=r_0$ 时的密度标高；$\mu \approx 0.1$。

在分析大气阻力对航天器轨道的影响时，可取 $r_0=r_p$，$\rho_0=\rho_p$，$H=H_p$，即将轨道近地点高度的数值代入上述公式计算。假定近地点高度为 200km，则 $\rho_0=3.6\times10^{-10}\,\mathrm{kg\cdot m^{-3}}$，$H_0=37.4\mathrm{km}$，$\mu=0.1$。

除了高度以外，大气密度还与太阳辐射密切相关。主要体现为周日变化、季节变化、半年变化和长周期变化(与太阳黑子活动的 11 年周期有关)等。其中与地球自转相关的周日变化表现更为明显。由于大气热惯性，大气周日峰(密度最大值)大约滞后当地的真太阳中天 30°，即在 14 点左右；密度最小值大约在当地的午夜 3 点后。

为此，可在考虑大气密度随高度变化的基础上，同时考虑大气密度随时间的变化，建立“三维大气密度模型”，如改进的 Harris-Priester 模型。Harris-Priester 模型忽略了大气密度的半年和季节纬度变化，基于热传导的原理提出。根据该模型，高度 h 处的大气密度为

$$\rho=\rho_m+(\rho_M-\rho_m)\cos\frac{\psi}{2} \tag{3.79}$$

其中,ψ 为航天器地心矢量与密度周日峰方向之间的夹角；ρ_m 和 ρ_M 是的高度 h 处大气密度的最小值和最大值。

ρ_m 和 ρ_M 的值可在查表(基本格式见表 3.2,该表给出了各个高度上大气密度周日变化的极大值和极小值,对半年和季节性变化取了平均值)的基础上利用下述公式进行插值确定。

$$\begin{cases}\rho_m=\rho_m(h_i)\exp\left(\dfrac{h_i-h}{H_m}\right)\\[2ex]\rho_M=\rho_M(h_i)\exp\left(\dfrac{h_i-h}{H_M}\right)\end{cases} \tag{3.80}$$

其中,$h_i \leqslant h \leqslant h_{i+1}$,$h_i$,$h_{i+1}$ 为密度表中相邻的两个高度值,H_m 和 H_M 由下式确定:

$$\begin{cases}H_m=\dfrac{h_i-h_{i+1}}{\ln(\rho_m(h_{i+1})/\rho_m(h_i))}\\[2ex]H_M=\dfrac{h_i-h_{i+1}}{\ln(\rho_M(h_{i+1})/\rho_M(h_i))}\end{cases} \tag{3.81}$$

其中,$\rho_m(h_{i+1})$和 $\rho_m(h_i)$对应 h_i 和 h_{i+1} 高度处的最小密度；$\rho_M(h_{i+1})$和 $\rho_M(h_i)$对应 h_i 和 h_{i+1} 高度处的最大密度。

表 3.2　Harris-Priester 大气密度系数表(部分)

h(km)	ρ_m(g/km^3)	ρ_M(g/km^3)	h(km)	ρ_m(g/km^3)	ρ_M(g/km^3)
160	1263.0	1344.0	230	99.49	145.5
170	800.8	875.8	240	74.88	115.7
180	528.3	601.0	250	57.09	93.08
190	361.7	429.7	260	44.03	75.55
200	255.7	316.2	270	34.30	61.82
210	183.9	239.6	280	26.97	50.95
220	134.1	185.3	…	…	…

航天器地心矢量与密度周日峰方向之间的夹角 ψ 由下式确定:

$$\cos\psi=\boldsymbol{r}\cdot\boldsymbol{r}_S \tag{3.82}$$

其中,$\boldsymbol{r}$ 为航天器地心矢量的单位矢量,$\boldsymbol{r}_S$ 为密度周日峰方向。

设 $\Delta\lambda$ 为太阳周日峰相对于太阳方向的滞后角(一般取为 30°),α_S,δ_S 分别为太阳的赤经和赤纬,则密度周日峰方向为

$$\boldsymbol{r}_S=\begin{bmatrix}\cos\delta_S\cos(\alpha_S+\Delta\lambda)\\ \cos\delta_S\sin(\alpha_S+\Delta\lambda)\\ \sin\delta_S\end{bmatrix} \tag{3.83}$$

随着航天时代的来临,人类对高层大气的认识逐渐加深。假设已知大气阻尼系数,大气密度就可以通过卫星轨道的演化和衰减导出。中国在 1990 年 9 月 3 日发射升空的“大气一号”科学试验卫星就是利用高层大气对卫星轨道的影响从而研究大气密度及其扰动的。“大气一号”由两颗直径和重量均不相同的气球卫星(分别于 1991 年 3 月 14 日和 7 月 23 日陨

落)组成,基于这次飞行,获得了高度 500～900km 的大气密度。

3.4.3 静止大气的摄动影响分析

如果假设大气为静止的,则大气的运动速度为零,航天器相对于大气的运动速度等于航天器本身的速度,方向与航天器的运动速度相等。

由此,可以得到轨道坐标系 $OUNH$ 下的大气阻力摄动加速度的形式为

$$\begin{cases} f_U = -\dfrac{1}{2} C_D \dfrac{S}{m} \rho v^2 \\ f_N = 0 \\ f_H = 0 \end{cases} \tag{3.84}$$

将上述摄动加速度代入 $OUNH$ 下的高斯型摄动方程,可得

$$\begin{cases} \dfrac{\mathrm{d}a}{\mathrm{d}t} = \dfrac{2(1+2e\cos f + e^2)^{1/2}}{n\sqrt{1-e^2}} \cdot f_U \\ \dfrac{\mathrm{d}e}{\mathrm{d}t} = \dfrac{2\sqrt{1-e^2}(1+2e\cos f+e^2)^{-1/2}}{na}(\cos f + e) \cdot f_U \\ \dfrac{\mathrm{d}i}{\mathrm{d}t} = 0 \\ \dfrac{\mathrm{d}\Omega}{\mathrm{d}t} = 0 \\ \dfrac{\mathrm{d}\omega}{\mathrm{d}t} = \dfrac{2\sqrt{1-e^2}(1+2e\cos f+e^2)^{-1/2}}{nae}\sin f \cdot f_U \\ \dfrac{\mathrm{d}M}{\mathrm{d}t} = n - \dfrac{(1-e^2)(1+2e\cos f+e^2)^{-1/2}}{nae}\left(2\sin f + \dfrac{2e^2}{\sqrt{1-e^2}}\sin E\right) \cdot f_U \end{cases} \tag{3.85}$$

由上述方程可知,在静止大气下,大气阻力摄动不改变轨道平面,只对轨道平面内的轨道根数有影响。对于环绕型航天器有

$$\frac{\mathrm{d}a}{\mathrm{d}t} < 0 \tag{3.86}$$

由于近地点高度 $r_p = a(1-e)$,将其代入 $\mathrm{d}a/\mathrm{d}t$ 的表达式,可以得到

$$\frac{\mathrm{d}r_p}{\mathrm{d}t} < 0 \tag{3.87}$$

由式(3.86)与式(3.87)可知,在大气阻力的作用下,航天器的轨道长半轴不断减小,近地点高度不断降低。

由于 $\cos f + e$ 不一定大于 0,所以轨道偏心率的变化率在轨道周期内可能为正,也可能为负。但如果进一步分析,对其在一个轨道周期内积分,可以获得轨道偏心率的平均变化呈现减少趋势。也就是说,在大气阻力摄动的影响下,航天器轨道的偏心率总的来说是不断减小的。利用下面的方程,可以近似给出静止大气摄动下,长半轴和偏心率的每圈变化量。

$$\begin{cases} \Delta a_{\mathrm{rev}} = -2\pi(C_D A/m) a^2 \rho_P \exp(-c)(I_0 + 2eI_1) \\ \Delta e_{\mathrm{rev}} = -2\pi(C_D A/m) a \rho_P \exp(-c)(I_1 + e/2(I_0 + I_2)) \end{cases} \tag{3.88}$$

其中，ρ_P 为近地点的大气密度，$c \approx ae/H$，H 是大气密度标高，I_i 是以 c 为自变量的 i 阶虚变量贝塞尔函数。

3.4.4 旋转大气的摄动影响分析

在真实情况下，大气会随着地球产生旋转，旋转的速度与高度、季节等有关。假设大气的旋转速度与地球自转速度相同，即 $\omega_a = \omega_e$，则大气速度 v_a 为

$$v_a = r\omega_e \cos\varphi \tag{3.89}$$

其中，r 和 φ 分别为航天器当前时刻所处位置的地心距和纬度。

将大气速度首先分解到轨道坐标系 $Orth$ 下，可得

$$\begin{cases} (v_a)_r = 0 \\ (v_a)_t = v_a \cos A' \\ (v_a)_h = v_a \sin A' \end{cases} \tag{3.90}$$

其中，A'为轨道平面与当地纬圈所成的二面角，如图 3.4 所示。则有

$$\begin{cases} \cos A' = \cos i / \cos\varphi \\ \sin A' = \dfrac{\cos u \sin i}{\cos\varphi} \end{cases} \tag{3.91}$$

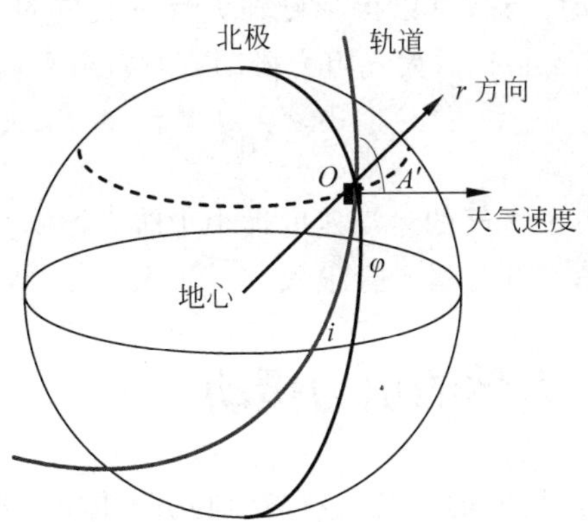

图 3.4 大气速度在 $Orth$ 中的分解

进一步再转换到 $OUNH$ 下，可得

$$\begin{cases} (v_a)_U = (v_a)_T \sin\theta \\ (v_a)_N = (v_a)_T \cos\theta \\ (v_a)_H = (v_a)_h \end{cases} \tag{3.92}$$

其中，θ 为 r 方向与速度矢量方向的夹角，有

$$\begin{cases} \sin\theta = \dfrac{1 + e\cos f}{\sqrt{1 + 2e\cos f + e^2}} = 1 - \dfrac{e^2}{2}\sin^2 f + O(e^3) \\ \cos\theta = \dfrac{e\sin f}{\sqrt{1 + 2e\cos f + e^2}} = e\sin f - \dfrac{e^2}{2}\sin^2 f + O(e^3) \end{cases} \tag{3.93}$$

将上述公式汇总后，可以得到轨道坐标系 $OUNH$ 下的航天器相对大气的速度：

$$\begin{cases}\Delta v_U = v-(v_a)_U \\ \Delta v_N = -(v_a)_N \\ \Delta v_H = -(v_a)_H\end{cases} \tag{3.94}$$

将式(3.94)代入摄动加速度方程，可以得到旋转大气阻力摄动加速度的3个分量

$$\begin{cases}f_U = -\dfrac{1}{2}C_D\dfrac{S}{m}\rho(v-(v_a)_U)^2 \\ f_N = -\dfrac{1}{2}C_D\dfrac{S}{m}\rho(v_a)_N^2 \\ f_H = -\dfrac{1}{2}C_D\dfrac{S}{m}\rho(v_a)_H^2\end{cases} \tag{3.95}$$

若航天器轨道的偏心率 $e<0.2$，略去 $\left(\dfrac{r\omega_e}{v}\right)e$ 及更高阶小项，可将式(3.95)化成

$$\begin{cases}f_U = -\mu\left(\dfrac{1}{2}\dfrac{C_DS}{m}\rho\right)\dfrac{(1+2e\cos f+e^2)}{a(1-e^2)}\left(1-\dfrac{r\omega_e}{v}\cos i\right)^2 \\ f_N = 0 \\ f_H = -\sqrt{\mu}r\omega_e\left(\dfrac{1}{2}\dfrac{C_DS}{m}\rho\right)\left[\dfrac{(1+2e\cos f+e^2)}{a(1-e^2)}\right]^{1/2}\cos u\sin i\left(1-\dfrac{r\omega_e}{v}\cos i\right)\end{cases} \tag{3.96}$$

将上式代入高斯型摄动方程，可以得到旋转大气下大气阻力摄动对轨道根数的影响。与静止大气不同的是，由于存在 f_H，大气阻力摄动将对轨道平面参数 i，Ω 产生影响，且有

$$\frac{\mathrm{d}i}{\mathrm{d}t}<0 \tag{3.97}$$

即引起轨道倾角的减小。由于大气的运动速度远小于航天器本身的运动速度，因此，大气阻力摄动造成航天器轨道倾角的变化量不会很大。

3.5 其他非中心引力体的引力摄动

上文在介绍二体问题时，研究的是航天器与中心引力体(一般为地球)之间的受力问题，忽略了其他非中心引力体对航天器轨道的影响。事实上，由于万有引力的存在，这些非中心引力体在航天器寿命期间对航天器不断产生力的作用，使航天器的轨道偏离。这些非中心引力体的引力摄动一般称为“三体引力摄动”。对于近地航天器，第三体引力摄动主要是由太阳和月球引力产生的，因此也常称为“日月引力摄动”。

3.5.1 摄动方程

如图3.5所示的惯性坐标系 $O\text{-}XYZ$ 中，航天器、中心天体和非中心引力体(三体)的位置矢量分别为 $\boldsymbol{r}_M$，$\boldsymbol{r}_m$，$\boldsymbol{r}_{M'}$，质量分别为 M，m，M'，它们之间的相对位置矢量为

$$\begin{cases}\boldsymbol{r} = \boldsymbol{r}_m - \boldsymbol{r}_M \\ \boldsymbol{\rho} = \boldsymbol{r}_{M'} - \boldsymbol{r}_M \\ \boldsymbol{d} = \boldsymbol{r}_m - \boldsymbol{r}_{M'}\end{cases} \tag{3.98}$$

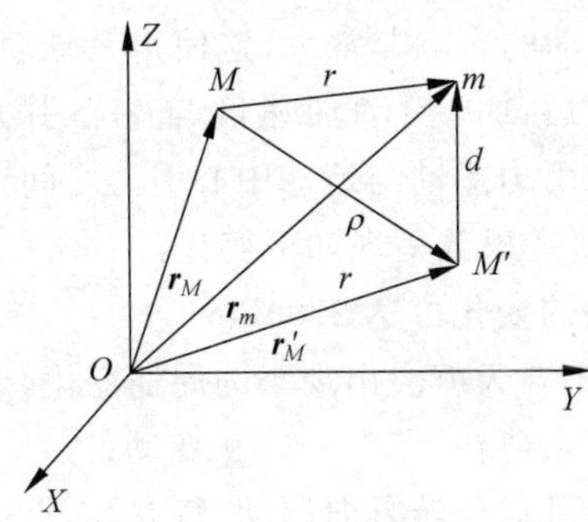

图 3.5 三体摄动的位置关系

则 M 与 m 在惯性坐标系中的运动方程为

$$\begin{cases}\ddot{\boldsymbol{r}}_M = \dfrac{GM}{r^3}\boldsymbol{r} + \dfrac{GM'}{\rho^3}\boldsymbol{\rho} \\ \ddot{\boldsymbol{r}}_m = -\left(\dfrac{Gm}{r^3}\boldsymbol{r} + \dfrac{GM'}{d^3}\boldsymbol{d}\right)\end{cases} \tag{3.99}$$

将式(3.99)中的两式相减,可以得到航天器的运动方程为

$$\ddot{\boldsymbol{r}} = -GM'\left(\frac{\boldsymbol{d}}{d^3} + \frac{\boldsymbol{\rho}}{\rho^3}\right) - G\,\frac{M+m}{r^3}\boldsymbol{r} \tag{3.100}$$

很显然,式(3.100)右侧的第二项为二体问题中中心引力体的加速度,而第一项则为第三体产生的摄动加速度。

3.5.2 日月位置估算

在精度要求不高的情况下,J2000 地心惯性坐标系下太阳的平均轨道根数可近似为

$$\begin{cases}a_{\Theta} = 1.000\,001\,02\text{AU} \\ e_{\Theta} = 0.016\,709 \\ i_{\Theta} = 23.4393^\circ \\ \Omega_{\Theta} = 0.0^\circ \\ \omega_{\Theta} = 282.9373^\circ + 0.32^\circ T_{\text{J2000}} \\ M_{\Theta} = 357.5291^\circ + 0.9856^\circ \text{MJD}_{\text{J2000}}\end{cases} \tag{3.101}$$

其中,$1\text{AU} = 1.495\,978\,70 \times 10^8\,\text{km}$,为日地平均距离,称为“1 个天文单位”; T_{J2000} 和 $\text{MJD}_{\text{J2000}}$ 分别为 J2000 历元起算的儒略世纪数和儒略日。

月球是地球的天然卫星,在 J2000 地心平黄道坐标系下,月球的平均轨道根数为

$$\begin{cases}a_{\text{M}} = 384\,747.981\text{km} \\ e_{\text{M}} = 0.054\,880 \\ i_{\text{M}} = 5.1298^\circ \\ \Omega_{\text{M}} = 125.0446^\circ - 1934.14T_{\text{J2000}} \\ \omega_{\text{M}} = 318.3087^\circ + 6003.15^\circ T_{\text{J2000}} \\ M_{\text{M}} = 134.9634^\circ + 13.0650^\circ \text{MJD}_{\text{J2000}}\end{cases} \tag{3.102}$$

月球轨道受太阳引力等摄动的影响非常大，这使得月球轨道根数随时间的变化比较明显。在太阳系中，通常小天体运动的摄动加速度与中心引力加速度比值的量级不超过 10^{-3}，而对于月球轨道，其太阳引力摄动与地球中心引力之间比值的量级达到 2×10^{-2}。在太阳引力摄动等影响下，月球轨道根数呈现如下变化：

- 长半轴的变化：长半轴的变化可达 2700km；
- 偏心率的变化：每隔 31.8 天就会出现小的周期变化，变化幅度在 1/15～1/23；
- 倾角的变化：倾角的实际值在 4°57′～5°19′变动；
- 近地点运动：近地点沿月球公转方向运动，每 8.85 年运动一周；
- 交点西退：升交点在空间的位置不是固定的，而是不断沿黄道向西退行，每年西退 19°21′，每 18.6 年运动一周。

J2000 地心惯性坐标系和地心平黄道坐标系的坐标原点和 X 轴重合，只需要绕 X 轴进行一次旋转（旋转角为黄赤交角 $\varepsilon=i_{\Theta}=23.4393°$），即可完成坐标系之间的转换。

需要注意的是，式(3.101)和式(3.102)给出的是日月绕地球运动轨道的平均根数，在精度要求不高的情况下，可以用于日月位置的估算。而在精度要求较高时，日月位置的估算需要采用更为精确的算法，或者通过读取星历文件（如 JPL 星历文件）来获取。

3.5.3 摄动影响分析

由式(3.100)可知，太阳引力摄动加速度为

$$\boldsymbol{f}_{\Theta}=-GM_{\Theta}\left(\frac{\boldsymbol{d}}{d^3}+\frac{\boldsymbol{\rho}}{\rho^3}\right) \tag{3.103}$$

其中，M_{Θ} 为太阳质量。对上式进行简化，已知地球距离太阳的距离为 A（日地平均距离），设航天器距离太阳的距离 $|\boldsymbol{d}|=A-r$，其中，r 为航天器的地心距，则太阳引力摄动与地心中心引力之间的比值可近似为

$$K_{\Theta}=\frac{GM_{\Theta}\left(\dfrac{1}{(A-r)^2}-\dfrac{1}{A^2}\right)}{GM_{\mathrm{E}}\left(\dfrac{1}{r^2}\right)} \tag{3.104}$$

其中，M_{E} 为地球质量。

同理，设地心距月球的距离为 $a_{\mathrm{M}}=384\ 747.981\mathrm{km}$，航天器距离月球的距离为地月距离与航天器地心距之间的差值，则月球引力摄动与地心中心引力之间的比值可近似为

$$K_{\mathrm{M}}=\frac{GM_{\mathrm{M}}\left(\dfrac{1}{(a_{\mathrm{M}}-r)^2}-\dfrac{1}{a_{\mathrm{M}}^2}\right)}{GM_{\mathrm{E}}\left(\dfrac{1}{r^2}\right)} \tag{3.105}$$

其中，M_{M} 为月球质量。

取航天器的地心距为 200～36 000km，则太阳、月球引力摄动与地心中心引力之间的比值的变化情况如图 3.6 所示。航天器所受的太阳、月球引力摄动大小的比值如图 3.7 所示。

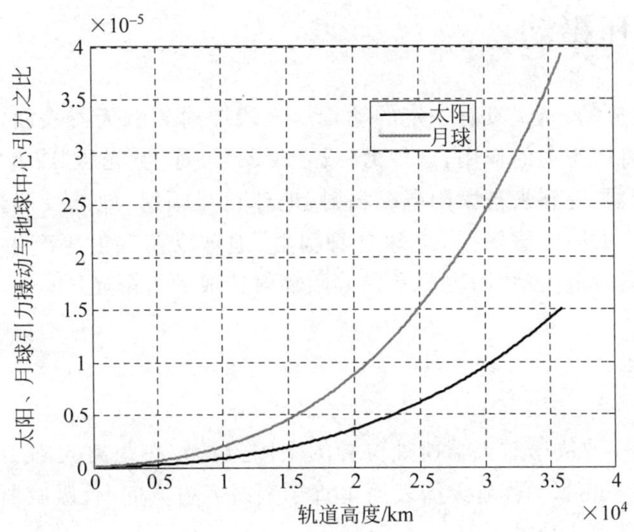

图 3.6 太阳、月球引力摄动与地心中心引力之间的比值

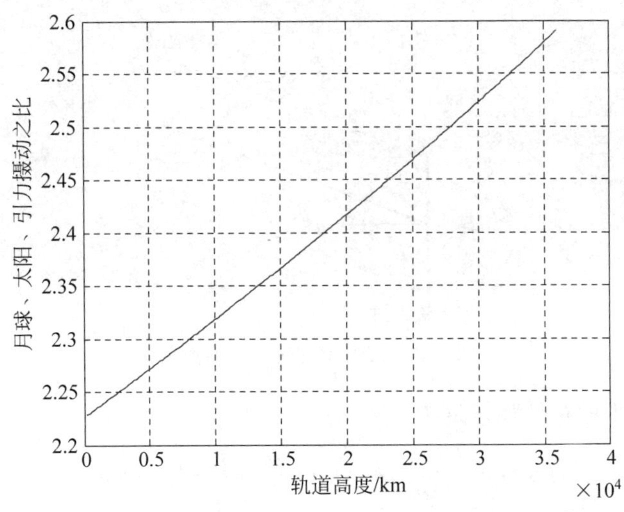

图 3.7 月球、太阳引力摄动的比值

由图 3.6 可知，太阳、月球引力摄动对航天器的摄动随着航天器轨道高度的升高，作用越来越明显。由图 3.7 可知，在近地航天器运行中，月球引力摄动约为太阳摄动的 2.2 倍，且随着航天器轨道高度的增加比值增大。

更细致地分析表明：日月引力摄动量主要取决于航天器轨道的形状、轨道面位置和拱线相对于月地、日地连线的位置。若月地、日地连线位于轨道平面内，则日月引力摄动对轨道面没有影响；对于圆轨道，甚至高轨圆轨道，只要轨道面相对于白道面或黄道面的倾角不大，轨道总是比较稳定；但对于很扁的椭圆轨道，情况就不同了，日月引力摄动有可能导致轨道完全破坏。在椭圆轨道上，远地点受到的摄动最为严重；若轨道的远地点位于月球轨道之外，可能导致轨道的近地点降低，最终使轨道破坏。

3.6 太阳光压摄动

光是由光子组成的、光子具有一定的动量。光线照射到航天器表面，被吸收或者发射，按照动量定律，必将产生力的作用，这种力(或者现象)被称为“光压”或者“辐射压”。在地球空间内运行的航天器，受到来自太阳电磁辐射、地球自身辐射、地球反照辐射等产生的光压作用。然而，相比于太阳电磁辐射，地球自身辐射、地球反照辐射等产生的影响要小得多。因此，在研究航天器轨道摄动时，主要考虑太阳辐射造成的太阳光压。

3.6.1 摄动方程

太阳光压的大小取决于航天器所处位置的太阳流量。在距离太阳 1 个日地距离处，太阳流量 $\Phi \approx 1367\text{W} \cdot \text{m}^{-2}$。若航天器表面垂直于辐射入射方向，且吸收所有光子，则太阳辐射产生的压强为 $P \approx 4.56 \times 10^{-6}\text{N} \cdot \text{m}^{-2}$。

假设航天器表面的法向量为 $\boldsymbol{n}$，太阳光(平行光)的入射方向反方向的矢量为 $\boldsymbol{l}$，如图 3.8 所示。

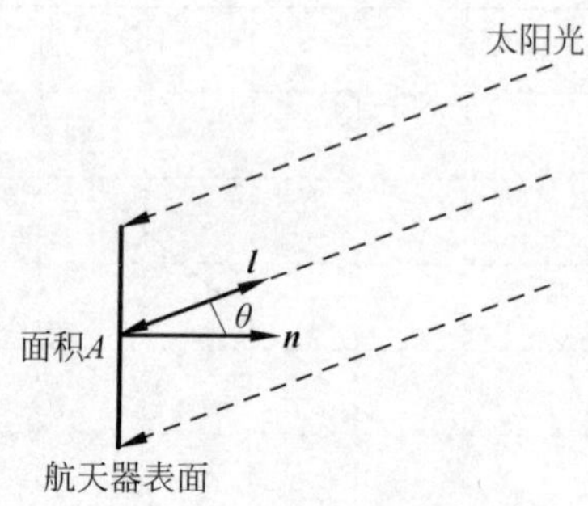

图 3.8 太阳光对航天器的照射

则太阳光压产生的摄动加速度为

$$\boldsymbol{f}_R = -P\left(\frac{A}{m}\right)\cos\theta((1-\varepsilon)\boldsymbol{l} + 2\varepsilon\cos\theta\boldsymbol{n}) \tag{3.106}$$

其中，ε 为航天器表面反射系数，取值在 0.2～0.9 之间。一般情况下，太阳帆板的取值为 0.21，高增益天线的取值为 0.30。

在很多应用中，尤其是装有大规模太阳电池阵的航天器，可以假定法向 $\boldsymbol{n}$ 指向太阳，则 $\theta=0°$；同时，考虑到实际上航天器与太阳之间的距离为 $r \neq 1\text{AU}$，则式(3.106)可以简化为

$$\boldsymbol{f}_R = -P\,\frac{(1\text{AU})^2}{r^2}\left(\frac{A}{m}\right)(1+\varepsilon)\boldsymbol{n} \tag{3.107}$$

3.6.2 摄动影响分析

对于特定航天器，太阳光压摄动的大小主要取决于航天器与太阳之间的距离。由于地球绕太阳的运行周期为 1 年，一般情况下航天器在轨道周期内受到来自太阳辐射的光压摄

动力的方向近似相同(惯性空间内),如图 3.9 所示。

总的来说,太阳光压摄动引起所有轨道参数的周期性变化。对于轨道高度小于 800km 的卫星,大气阻力引起的加速度大于太阳光压引起的加速度;对轨道高度为 800km 以上的卫星,太阳光压引起的摄动加速度更大。

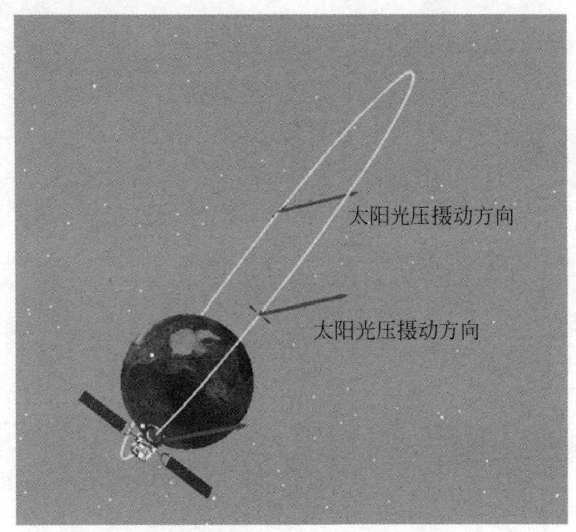

图 3.9　轨道周期内的太阳光压摄动的方向

第 4 章

典型轨道设计

航天器轨道设计时，考虑到覆盖和载荷工作条件等，经常采用一些典型的轨道，如回归轨道、地球静止轨道、太阳同步轨道、冻结轨道等。

4.1 回归轨道设计

回归轨道是星下点轨迹周期性重复的航天器轨道，重复的时间间隔称为“回归周期”。在回归轨道上运行的卫星，每经过一个回归周期，卫星重新经过该地上空。这样可以对覆盖区域进行动态监视，侦察这段时间内目标的变化。

4.1.1 轨道周期的定义

由于摄动力的作用，航天器的轨道根数不断变化，对应的轨道周期也随之发生变化。在进行航天器轨道设计和分析时，常用的轨道周期的定义有：

(1) 密切周期：密切轨道对应的轨道周期；

(2) 交点周期：航天器连续两次经过升交点的时间间隔；

(3) 近地点周期：航天器连续两次经过近地点的时间间隔。

在不考虑摄动因素的影响情况下，密切轨道与实际轨道重合，上述 3 个定义等价，即

$$T = 2\pi\sqrt{\frac{a^3}{\mu}} \tag{4.1}$$

在考虑摄动的影响情况下，上述 3 种周期彼此各不相同。其中，交点周期可用积分形式表达，即

$$T_\Omega = \int_0^{2\pi}\left(\frac{\mathrm{d}t}{\mathrm{d}u}\right)\mathrm{d}u \tag{4.2}$$

其中，u 为纬度幅角。

当仅考虑 J_2 项摄动时，将上式进行展开变换，保留到 $O(J_2e^2)$ 项，可以得到交点周期与密切周期之间的转换关系为

$$T_\Omega = T_0\left\{1-\frac{3J_2}{8a^2}\left[(12+34e^2)-(10+20e^2)\sin^2 i-\right.\right.$$

$$\left.\left.(4-20\sin^2 i)e\cos\omega+(18-15\sin^2 i)e^2\cos 2\omega\right]\right\} \tag{4.3}$$

其中，T_0 和 a,e,i,ω 为 $u=0$（升交点）时刻对应的密切周期和密切轨道根数。

近地点周期的积分表达式为

$$T_\omega = \int_0^{2\pi}\left(\frac{\mathrm{d}t}{\mathrm{d}M}\right)\mathrm{d}M \tag{4.4}$$

其中，M 为平近点角。

当仅考虑 J_2 项摄动时，将上式进行展开变换，保留到 $O(J_2e^2)$ 项，可以得到近地点周期与密切周期之间的转换关系为

$$T_\omega = T_0\left[1-\frac{3J_2}{2a^2}(1-e)^{-3}\left(1-\frac{3}{2}\sin^2 i+\frac{3}{2}\sin^2 i\cos 2\omega\right)\right] \tag{4.5}$$

其中，T_0 和 a,e,i,ω 为 $M=f=0$（近地点）时刻对应的密切周期和密切轨道根数。

4.1.2 回归轨道设计

由于地球自转，航天器轨道平面相对于地球有 ω_e 的进动角速度。此外，由于各种摄动因素的影响，航天器的轨道平面会产生进动，进动角速度为 $\dot{\Omega}$（自西向东为正）。则航天器轨道平面相对于地球的运动角速度为 $\omega_\mathrm{e}-\dot{\Omega}$，因此轨道相对于地球旋转一周的时间间隔为

$$T_\mathrm{e} = \frac{2\pi}{\omega_\mathrm{e}-\dot{\Omega}} \tag{4.6}$$

假设航天器的轨道周期为 T，若存在既约正整数 D 与 N，满足

$$NT = DT_\mathrm{e} \tag{4.7}$$

则此航天器轨道为回归轨道。其中，D 和 N 分别是实现星下点轨迹重复所需的最少圈数和天数。

若只考虑 J_2 项摄动，则 $\dot{\Omega}$ 可由下式确定：

$$\dot{\Omega} = -\frac{3J_2a_\mathrm{E}^2}{2p^2}n\cos i \tag{4.8}$$

其中，$a_\mathrm{E}=6378.160\mathrm{km}$，为地球参考椭球赤道半径；$p=a(1-e^2)$，为圆锥曲线的半通径；$n$ 为航天器运动的平均角速度。

取轨道为圆轨道，即 $e=0$，则交点周期为

$$T_\Omega = T_0\left[1-\frac{3J_2}{8a^2}(12-10\sin^2 i)\right] \tag{4.9}$$

式(4.7)展开后可以得到

$$NT_0\left[1-\frac{3J_2}{8a^2}(12-10\sin^2 i)\right] = D\,\frac{2\pi}{\omega_\mathrm{e}-\dot{\Omega}} \tag{4.10}$$

取 $N/D=15$，忽略交点周期与密切周期之间的微小差别，可以得到长半轴与轨道倾角之间的关系如图 4.1 所示。

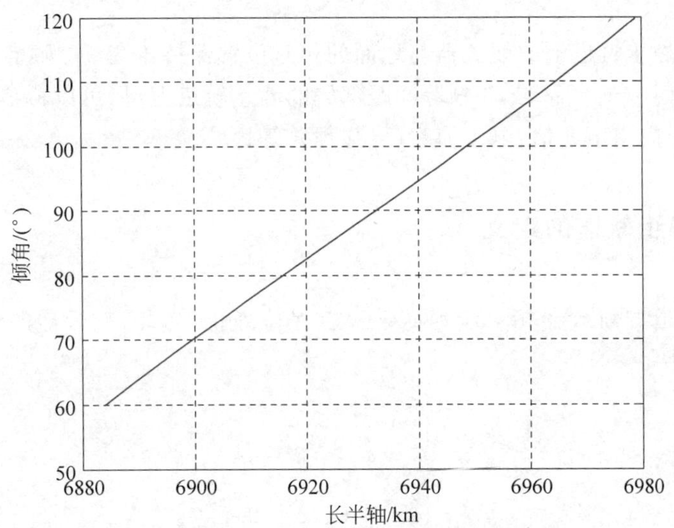

图 4.1　$N/D=15$ 时长半轴与轨道倾角之间的关系图

由图 4.1 可知，轨道倾角的不同会造成同周期回归轨道的轨道高度略有差别。

在回归轨道中，若 $D=1$，则星下点轨迹逐日重复，轨迹圈号自东向西依次排列，且在一天内升轨和降轨分别平分赤道一次，如图 4.2 所示；若 $D>1$，则星下点轨迹不会逐日重复。

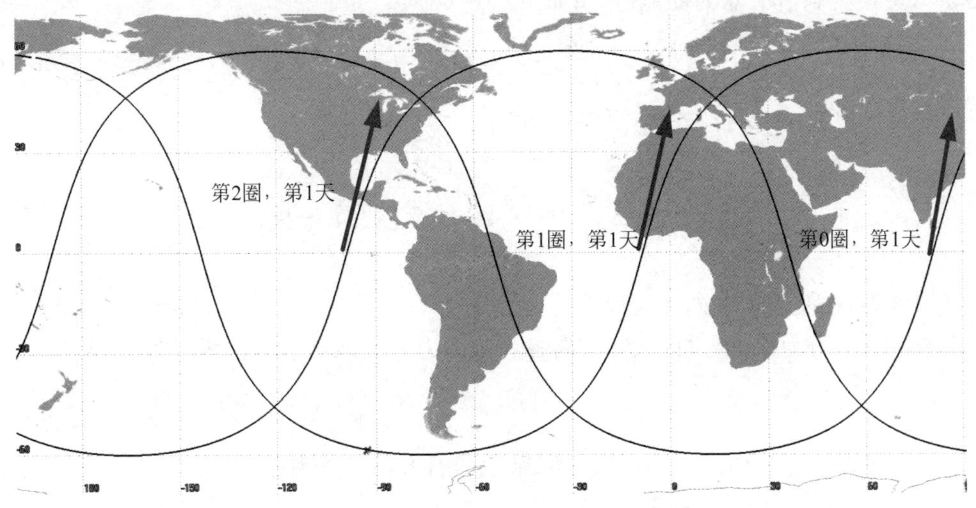

图 4.2　$N/D=4$ 对应的星下点轨迹

以定期获取地面图像为目的的卫星，如侦察卫星、气象卫星、地球资源卫星等，多选择回归轨道，可以定期获取同一地区的图像。回归轨道对轨道周期的精度要求很高，且轨道周期需在长时间里保持不变。因此，卫星必须具备轨道修正能力，以克服入轨时的轨道误差和消除运行中的轨道变化。

4.2 地球静止轨道设计

运行在地球静止轨道上的航天器与地面的相对位置保持不变。1 颗静止轨道卫星可以覆盖大约地球表面 40%的区域,3 颗等间距部署的静止轨道卫星,可以覆盖除两极地区外的全球区域,广泛地应用于通信、电子侦察、导弹预警等领域。

4.2.1 地球静止轨道的定义

地球静止轨道的航天器相对于地面某一点保持静止,为此,航天器的地心距 r、赤经 α 和赤纬 δ(纬度)满足

$$\begin{cases} \dot{r}=0, & \ddot{r}=0 \\ \dot{\alpha}=\omega_{\mathrm{e}}, & \ddot{\alpha}=0 \\ \dot{\delta}=0, & \ddot{\delta}=0 \end{cases} \tag{4.11}$$

已知轨道坐标系(矢径方向,经度方向、纬度方向)中,航天器的位置速度可表示为

$$\boldsymbol{r}=\begin{bmatrix} r \\ 0 \\ 0 \end{bmatrix}, \quad \dot{\boldsymbol{r}}=\begin{bmatrix} \dot{r} \\ r\cos\delta\dot{\lambda} \\ r\dot{\delta} \end{bmatrix} \tag{4.12}$$

上述方程中的(r,α,δ)代表了描述航天器位置的 3 个独立参数,即广义坐标。基于(r,α,δ),可以得到航天器的动能(单位质量)为

$$T=\frac{1}{2}(\dot{r}^2+r^2\cos^2\delta\dot{\alpha}^2+r^2\dot{\delta}^2) \tag{4.13}$$

则根据动力学中的拉格朗日方程,可以得到

$$\frac{\mathrm{d}}{\mathrm{d}t}\left(\frac{\partial T}{\partial \dot{q}}\right)-\frac{\partial T}{\partial q}=\boldsymbol{Q}, \quad q=\begin{bmatrix} r \\ \alpha \\ \delta \end{bmatrix}, \quad \dot{q}=\begin{bmatrix} \dot{r} \\ \dot{\alpha} \\ \dot{\delta} \end{bmatrix} \tag{4.14}$$

其中,Q 为作用在航天器上的广义惯性力。

由于地球引力为保守力(即做功与路径无关的力),设地球引力位函数为 V,则有

$$Q=\frac{\partial V}{\partial q} \tag{4.15}$$

若只考虑地球非球形的 J_2 和 J_{22} 项,则地球引力位函数为

$$R=\frac{\mu}{r}-\frac{\mu}{2r}J_2\left(\frac{a_{\mathrm{E}}}{r}\right)^2(3\sin^2\delta-1)-\frac{3\mu}{r}J_{22}\left(\frac{a_{\mathrm{E}}}{r}\right)^2\cos2(\lambda-\lambda_{22})\cos^2\delta \tag{4.16}$$

其中,$J_{22}=-1.082\times10^{-6}$,为三轴椭球项;$\lambda_{22}=-14.9°$。

将式(4.14)展开后,可以得到

$$\begin{cases}\ddot{r}-r\cos^2\delta\dot{\alpha}^2-r\ddot{\delta}=\dfrac{\partial V}{\partial r}\\2r\dot{r}\cos^2\delta\dot{\alpha}-r^2\sin2\delta\dot{\delta}\dot{\alpha}+r^2\cos^2\delta\ddot{\alpha}=\dfrac{\partial V}{\partial \alpha}\\2r\dot{r}\dot{\delta}+r^2\ddot{\delta}+\dfrac{1}{2}r^2\sin2\delta\dot{\alpha}^2=\dfrac{\partial V}{\partial \delta}\end{cases}\tag{4.17}$$

其中，$\alpha=\lambda+S_G$，S_G 为格林尼治恒星时。

将式(4.11)的地球静止条件代入式(4.17)，可以得到

$$\begin{cases}-r\omega_e^2\cos^2\delta=\dfrac{\partial V}{\partial r}\\0=\dfrac{\partial V}{\partial \alpha}\\\dfrac{1}{2}r^2\sin2\delta\dot{\alpha}^2=\dfrac{\partial V}{\partial \delta}\end{cases}\tag{4.18}$$

(1) 地球等效为圆球

若将地球等效为圆球，则地球引力位函数为

$$V=\frac{\mu}{r}\tag{4.19}$$

将式(4.19)代入式(4.18)，可以得到将地球等效为圆球时，地球静止轨道的约束条件为

$$\begin{cases}-r\omega_e^2\cos^2\delta=-\dfrac{\mu}{r^2}\\\dfrac{1}{2}r^2\omega_e^2\sin2\delta=0\end{cases}\tag{4.20}$$

求解的结果是

$$\begin{cases}r=\sqrt[3]{\dfrac{\mu}{\omega_e^2}}=42\,164.171\text{km}\\\delta=0\end{cases}\tag{4.21}$$

基于上述约束，可以得到地球静止轨道的条件为

$$\begin{cases}a=42\,164.171\text{km}\\e=0\\i=0^\circ\end{cases}$$

(2) 地球等效为旋转椭球体

若将地球等效为旋转椭球体，则地球引力位函数为

$$R=\frac{\mu}{r}-\frac{\mu}{2r}J_2\left(\frac{a_E}{r}\right)^2(3\sin^2\delta-1)\tag{4.22}$$

故静止条件为

$$\begin{cases}-r\omega_e^2\cos^2\delta=-\dfrac{\mu}{r^2}+\dfrac{3}{2}\dfrac{\mu J_2}{r^2}\left(\dfrac{a_E}{r}\right)^2(3\sin^2\delta-1)\\\dfrac{1}{2}r^2\omega_e^2\sin2\delta=-\dfrac{3\mu}{r}J_2\left(\dfrac{a_E}{r}\right)^2\sin\delta\cos\delta\end{cases}\tag{4.23}$$

如果上式有解，则存在一条轨道，能够实现对地静止。求解方程组可以得到当

$$\begin{cases} a = 42\,166.261\text{km} \\ e = 0.000\,037\,16 \\ i = 0^\circ \end{cases}$$

时，运行在该轨道上的航天器可以克服 J_2 项带来的卫星漂移，实现卫星的对地静止。

(3) 地球等效为三轴椭球体

如果将地球等效为三轴椭球体，此时地球引力位函数中包含 J_2 项和 J_{22} 项，将位函数代入静止条件求解，可得

$$\begin{cases} -r\omega_e^2\cos^2\delta = -\dfrac{\mu}{r^2} + \dfrac{3}{2}\dfrac{\mu J_2}{r^2}\left(\dfrac{a_E}{r}\right)^2(3\sin^2\delta - 1) + \dfrac{9\mu}{r^3}J_{22}\left(\dfrac{a_E}{r}\right)^2\cos 2(\lambda - \lambda_{22})\cos^2\delta \\ 0 = \dfrac{6\mu}{r}J_{22}\left(\dfrac{a_E}{r}\right)^2\sin 2(\lambda - \lambda_{22})\cos^2\delta \\ \dfrac{1}{2}r^2\omega_e^2\sin 2\delta = -\dfrac{3\mu}{r}J_2\left(\dfrac{a_E}{r}\right)^2\sin\delta\cos\delta - \dfrac{6\mu}{r}J_{22}\left(\dfrac{a_E}{r}\right)^2\cos 2(\lambda - \lambda_{22})\cos\delta\sin\delta \end{cases} \tag{4.24}$$

分析上述方程组的第二式可以看出，若满足该式，则需要满足

$$2(\lambda - \lambda_{22}) = n\pi, \quad n = 0,1,2,3 \tag{4.25}$$

即意味着只有定点经度在 75.1°，165.1°，255.1°和 345.1°时，才能满足对地静止条件。在这 4 个点上要实现对地静止，还需要满足

$$\begin{cases} r = 42\,164.783, \quad a = 42\,166.705\text{km}, \quad \lambda = 75.1^\circ, 255.1^\circ \\ r = 42\,164.794, \quad a = 42\,166.749\text{km}, \quad \lambda = 165.1^\circ, 345.1^\circ \\ i = 0^\circ \end{cases}$$

这也意味着，只有在上述 4 个经度上才可能“自然”满足静止条件。定点在其他经度上空的航天器，则需要间隔一段时间施加控制力，才能保证航天器的对地静止。

4.2.2 地球静止轨道的漂移与保持

地球静止轨道航天器的漂移分为东西方向和南北方向。南北方向的漂移表现为轨道倾角的变化，主要由日月引力和地球扁率造成，轨道法向将会逐渐偏离北极，其规律是绕空间一个方向转动。倾角每年变化的值在 0.733°～0.928°，此外还存在周期为半年、半月的周期项摄动，幅值约为 0.02°。

东西方向的漂移主要由两部分构成：一是由地球非球形摄动引起的经度方向的加速度，另一个是由太阳辐射压力引起的偏心率的变化。太阳辐射压力引起的偏心率的变化是随太阳平赤经的椭圆运动，椭圆中心与当前时刻偏心率矢量和太阳平赤经相关，其短半轴沿春分点方向，长半轴与春分点方向垂直。赤道的椭状使得定点在特定经度的卫星受到额外的切向引力加速度，这会引起轨道运动的角速度与地球自转角速度的不一致，使卫星偏离定点位置。

典型静止轨道航天器的南北、东西方向漂移如图 4.3 所示。

虽然绝大多数航天器均不能实现自然的对地静止，但是其位置的变化十分缓慢，只需要稍加控制就可以满足使用要求。其中，倾角修正所需的速度增量与南北方向保持的精度无

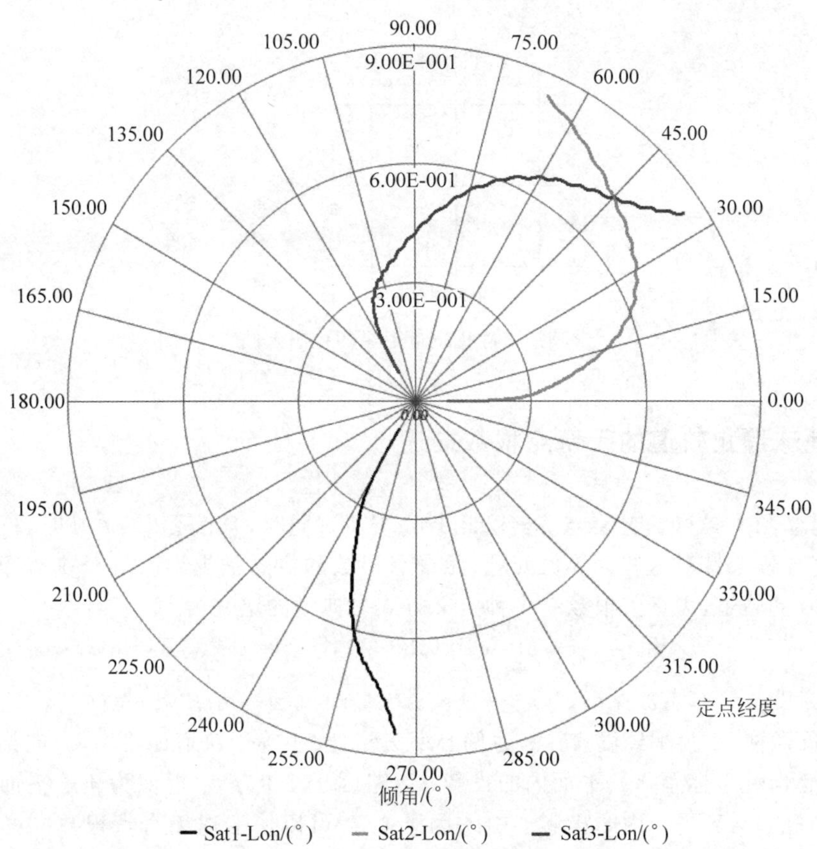

图 4.3 定点在 0°E,120°E,120°W 卫星一年内的东西、南北漂移

关。一年所需的速度增量与倾角年变化量有关,即

$$\Delta v = 53.66\Delta i \tag{4.26}$$

这样一年内为进行倾角控制所需要的速度增量约为 49.8m/s。

东西方向的修正主要是对经度方向漂移的修正。李恒年研究员在其《地球静止卫星轨道与共位控制技术》的第 7 章中给出了地球静止轨道一年内东西保持的速度增量表。由表可知,完成东西方向控制需要的速度增量与定点的位置有关,但每年需要的速度增量不超过 2.1m/s。

因此,总的来说一年内静止轨道卫星保持需要消耗的总体能量约为

$$\Delta v = 49.8 + 2.1 = 51.9\text{m/s} \tag{4.27}$$

可见,地球静止轨道卫星消耗很少的能量即可实现长时间对地静止。

目前,按照《无线电规则》的规定,卫星允许的运动范围为以定点经度为中心,东西±0.1°、南北±0.1°(对应轨道倾角<0.1°)的区域内运动。典型的位置保持控制每周进行一次。因此,所有受控卫星在空间所处的位置可以近似认为处于定点区域内,活动范围不超过其控制区域(约 73.6km 的范围内),如图 4.4 所示。

目前,随着卫星控制技术的不断发展,出现了单控制窗口多星共位的情况,如 7 颗 ASTRA 卫星一起运行在东经 19.2°,经纬度±0.1°的空间内。

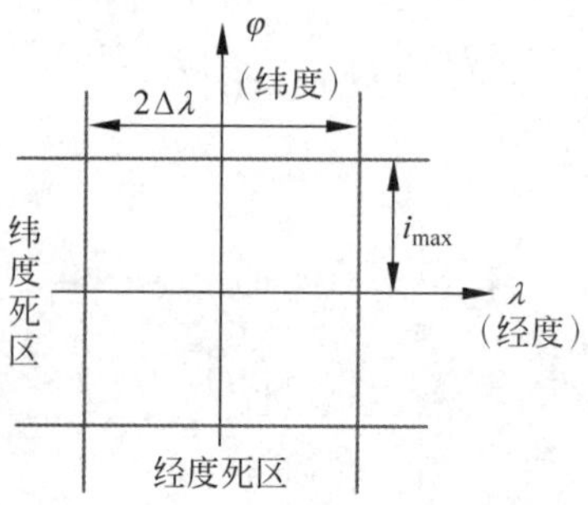

图 4.4 静止轨道卫星的控制区域

4.2.3 地球静止轨道的无奇点根数描述

当轨道倾角 $i \approx 0°$时,升交点赤经会出现奇异性;同时,当偏心率 $e \approx 0$ 时,近地点幅角也会出现奇异性。针对这些奇异性问题,无奇点根数的概念被提出。对于轨道倾角 $i \approx 0°$、偏心率 $e \approx 0$ 的轨道,无奇点根数有多种定义方式。典型的定义为

$$\begin{aligned} &a, \quad &h = e\sin(\Omega + \omega), \quad &p = \tan(i/2)\sin\Omega, \\ &l = \Omega + \omega + M, \quad &k = e\cos(\Omega + \omega), \quad &q = \tan(i/2)\cos\Omega \end{aligned} \tag{4.28}$$

其中,a 为长半轴;l 为平经度;h,k 为偏心率矢量(大小等于轨道偏心率,方向指向轨道近地点)在地心惯性坐标系 XY 平面内的投影;忽略因子 1/2,p,q 近似为轨道平面法向量在地心惯性坐标系 XY 平面内的投影。引入因子 1/2,可以使上述无奇点根数同样用于大倾角轨道,同时避免轨道倾角等于 90°时产生奇异。

对于地球静止轨道以及相对于地球静止轨道偏差非常小的轨道,按照欧洲航天局(简称"欧空局";European Space Agency,ESA)《地球静止轨道手册》中的定义,可用如下无奇点参数来描述。

(1) 轨道长半轴偏差 Δa,定义为

$$\Delta a = a_z - a \tag{4.29}$$

其中,$a_z = 42\,164.2\text{km}$,为理想地球静止轨道的长半轴;a 为遍历飞行器的长半轴。或者用平经度漂移率 D 来描述,定义为

$$D = -1.5 \cdot \frac{\Delta a}{a_z} \tag{4.30}$$

该参数是卫星相对于地球静止轨道目标漂移速度的一阶线性化近似,其大小取决于遍历轨道与静止轨道长半轴的偏差。

(2) 偏心率矢量,定义为

$$\boldsymbol{e} = \begin{pmatrix} e_x \\ e_y \end{pmatrix} = \begin{pmatrix} e\cos(\Omega + \omega) \\ e\sin(\Omega + \omega) \end{pmatrix} \tag{4.31}$$

该矢量的大小为轨道偏心率,方向由地心指向轨道近地点。

(3) 倾角矢量,定义为

$$\boldsymbol{i} = \begin{pmatrix} i_x \\ k_y \end{pmatrix} = \begin{pmatrix} i\sin\Omega \\ i\cos\Omega \end{pmatrix} \tag{4.32}$$

该矢量的大小为轨道倾角，方向由地心指向轨道升交点。

(4) 平赤经，定义为

$$l = \Omega + \omega + M \tag{4.33}$$

平赤经与轨道定点经度之间的关系为

$$\lambda = l - S_G \tag{4.34}$$

其中，S_G 表示历元时刻的格林尼治平恒星时。

综上所述，地球静止轨道的典型特点包括：

- 对地静止，凝视观测；
- 距地面高度较高，覆盖范围大。

由于地球静止轨道距离地面约为 36 000km，因此，地面覆盖面积非常大，1 颗静止的卫星可以覆盖大约地球表面 40%的区域。3 颗等间距配置在赤道上空的静止卫星，可以覆盖除两极地区外的全球区域，如图 4.5 所示。

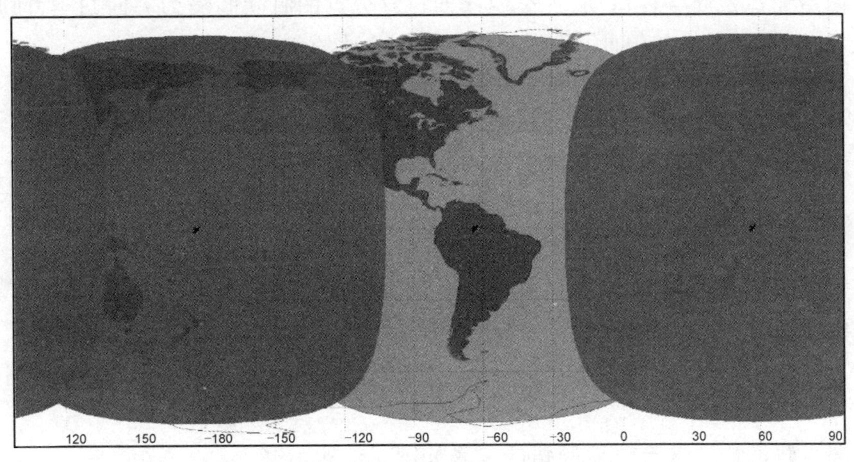

图 4.5 静止轨道卫星的地面覆盖

地球静止轨道的应用包括：预警、通信、广播和气象卫星。例如，美国的“国防支援计划”卫星，它是美国的导弹预警卫星，简称“DSP 卫星”，其任务是为美国国家指挥机构和作战司令部提供导弹发射和核爆炸的探测和预警。该预警系统可对洲际导弹、战术导弹分别给出 20～30min，1.5～2min 的预警时间。根据 2016 年公布的忧思数据库，全世界在轨的通信卫星中有约 60%为地球静止轨道卫星。而军用通信卫星中，以美国为例，其军用通信卫星主要包括窄带通信、宽带通信、安全通信、数据中继 4 种业务类型，其中 90%位于地球静止轨道上。

4.3 太阳同步轨道设计

带有光学载荷的航天器的工作状态会受到太阳光线的影响，太阳同步轨道正是基于此思想设计的。运行在太阳同步轨道上的航天器能够以固定的地方时和比较固定的光照条件对地面目标进行观测，以便对目标进行清晰地观察。在全球已发射的低轨道航天器中，大约有 80%属于太阳同步轨道卫星。

4.3.1 太阳同步轨道的定义

太阳同步轨道(sun-synchronous orbit,SSO)是航天器轨道面的进动角速度与平太阳在赤道上移动的角速度相等的轨道。

由第 3 章可知,航天器轨道面在地球非球形摄动的影响下,以$\dot{\Omega}$的角速度进动,如果只考虑J_2项的长期摄动,则$\dot{\Omega}$可表示为

$$\dot{\Omega}=-\frac{3J_2a_E^2}{2p^2}n\cos i \tag{4.35}$$

将其在 1 个平太阳日内积分,可得升交点赤经在 1 天内进动的角度为

$$\dot{\Omega}_D=-\frac{9.97}{(1-e^2)^2}\left(\frac{a_E}{a}\right)^{3.5}\cos i \tag{4.36}$$

平太阳沿赤道做周年视运动,连续两次通过春分点的时间间隔为一回归年,回归年的长度为 365.2422 平太阳日。因此,平太阳在赤道上移动的角速度为

$$\frac{360}{365.2422}=0.9856 \tag{4.37}$$

根据太阳同步轨道的定义,可列出太阳同步轨道的关系式为

$$-\frac{9.97}{(1-e^2)^2}\left(\frac{a_E}{a}\right)^{3.5}\cos i=0.9856 \tag{4.38}$$

由上式分析可得,太阳同步轨道的倾角永远大于 90°。特别地,当轨道偏心率$e=0$时,航天器为圆轨道时,上式可简化为

$$-9.97\left(\frac{a_E}{a}\right)^{3.5}\cos i=0.9856 \tag{4.39}$$

太阳同步轨道长半轴与轨道倾角的关系如图 4.6 所示。

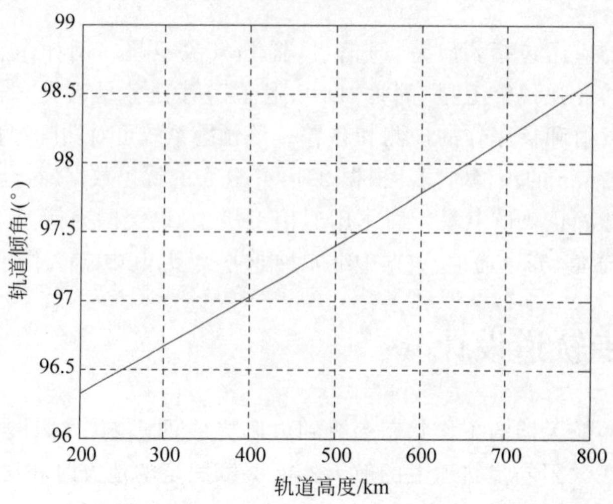

图 4.6 太阳同步轨道长半轴与轨道倾角的关系

4.3.2 太阳同步轨道的特性

在太阳同步轨道上，航天器从同方向飞经同纬度的地方平太阳时或者太阳高度角（平太阳）相等，这样就为与太阳有密切关系的卫星轨道选择提供了便利条件。如可见光侦察卫星采用太阳同步轨道，就可以保证每次升轨（或者降轨）经过特定目标区域时，都具有较好的光照条件，从而保证光学侦察的有效实施。

参见 2.4.2 节太阳高度角的定义，若太阳为平太阳，则太阳高度角 h_{Θ} 为

$$\sin h_{\Theta} = \cos\delta\cos(\alpha_{\Theta} - \alpha) \tag{4.40}$$

其中，α_{Θ} 为平太阳赤经，α，δ 分别为航天器的赤经和赤纬。

设航天器间隔一段时间 T 后又一次经过同一纬度圈，两次与纬度圈的交点分别为 S_1，S_2，航天器过 S_1，S_2 点时对应的轨道升交点分别为 N_1，N_2，对应的平太阳的位置分别为 Θ_1，Θ_2，如图 4.7 所示。

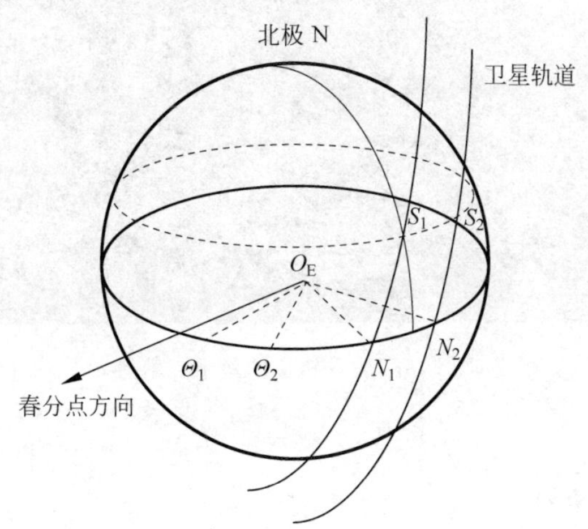

图 4.7　卫星同方向经过同纬度地区示意图

由球面三角形公式可知，S_1，S_2 点的赤经 α_1 和 α_2 可由轨道倾角与当地的纬度确定，即

$$\alpha_1 - \alpha_{N1} = a\sin\left(\frac{\cos i}{\cos\delta}\right) \tag{4.41}$$

$$\alpha_2 - \alpha_{N2} = a\sin\left(\frac{\cos i}{\cos\delta}\right) \tag{4.42}$$

其中，α_{N1} 和 α_{N2} 分别对应 N_1，N_2 点的赤经。

上述两式相减，可得

$$\alpha_2 - \alpha_1 = \alpha_{N1} - \alpha_{N2} \tag{4.43}$$

由太阳同步轨道的定义可知，

$$\alpha_{N1} - \alpha_{N2} = \alpha_{\Theta 2} - \alpha_{\Theta 1} \tag{4.44}$$

其中，$\alpha_{\Theta 2}$，$\alpha_{\Theta 1}$ 为 Θ_1，Θ_2 点对应的赤经。

因此，根据式(4.40)可得

$$h_{\Theta 1} = h_{\Theta 2} \tag{4.45}$$

这也就证明了上文所提的太阳同步轨道的特点，即航天器从同方向飞经同纬度的太阳高度角相等。

还有一种特殊的太阳同步轨道称为“晨昏轨道”，该轨道是指地方降交点时间在 6:00 左右的航天器轨道。晨昏轨道的轨道平面和地球的晨昏圈基本重合，如图 4.8 所示，位于该轨道上的航天器可以长期受到阳光的照射，保证太阳能电池帆板一直供电；同时这种轨道还有一些观测和科学实验方面的特殊用途。加拿大的 RADARSAT 地球观测卫星就采用了这种轨道。

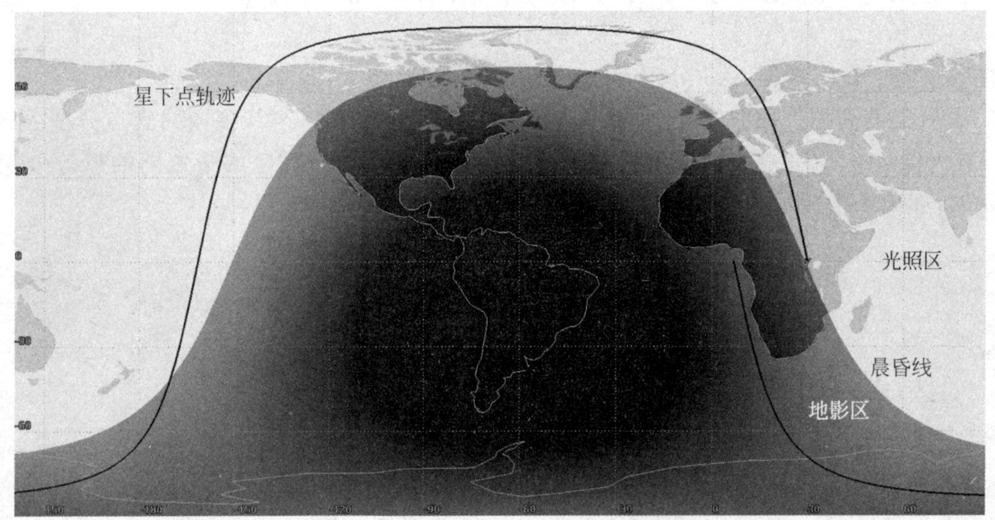

图 4.8　晨昏轨道的星下点轨迹

4.4　冻结轨道设计

冻结轨道是指轨道的近地点和远地点的纬度相对固定且轨道长半轴指向(拱线)不变，同时偏心率也不变的轨道，通常用于科学测量和对地通信卫星。

4.4.1　冻结轨道的定义

地球的非球形摄动使得卫星轨道面在惯性空间有旋转运动，即轨道面的进动和拱线的旋转。冻结轨道就是轨道长半轴在轨道平面位置不变且偏心率不变的轨道，即近地点幅角 ω 和轨道偏心率 e 不变的轨道。该种类型的轨道定义为

$$\begin{cases}\dfrac{\mathrm{d}\omega}{\mathrm{d}t}=0\\[2mm]\dfrac{\mathrm{d}e}{\mathrm{d}t}=0\end{cases}\tag{4.46}$$

如果只考虑 J_2 的长期摄动，则上述方程可描述为

$$\begin{cases} \dfrac{\mathrm{d}\omega}{\mathrm{d}t} = \dfrac{3nJ_2 a_E^2}{a^2(1-e^2)^2}\left(1-\dfrac{5}{4}\sin^2 i\right) \\ \dfrac{\mathrm{d}e}{\mathrm{d}t} = 0 \end{cases} \tag{4.47}$$

其中，n 为轨道运动平均角速度，a_E 为地球长半轴；a，e，i 分别为轨道长半轴、偏心率和轨道倾角。

由式(4.47)可知，若使拱线不发生转动，则需要 $i=63.4°$或 $116.6°$，因此将 $63.4°$和 $116.6°$称为“临界倾角”。

若考虑 J_2，J_3 摄动影响，则

$$\begin{cases} \dfrac{\mathrm{d}\omega}{\mathrm{d}t} = \dfrac{3nJ_2 a_E^2}{a^2(1-e^2)^2}\left(1-\dfrac{5}{4}\sin^2 i\right)\left[1+\dfrac{J_3 a_E}{2J_2 a(1-e^2)}\dfrac{(\sin^2 i - e\cos^2 i)\sin\omega}{e\sin i}\right] \\ \dfrac{\mathrm{d}e}{\mathrm{d}t} = \dfrac{-3na_E^3 J_3 \sin i}{2a^3(1-e^2)^2}\left(1-\dfrac{5}{4}\sin^2 i\right)\cos\omega \end{cases} \tag{4.48}$$

对上述方程组进行求解，可以得到当 $i=63.4°$或 $116.6°$，依然满足冻结轨道的条件。此外，我们还可以得出，若 $\omega=90°$，$270°$，则 $\mathrm{d}e/\mathrm{d}t=0$，此时 i 取如下值，也可以使得轨道的拱线不发生转动。

$$1+\frac{J_3 a_E}{2J_2 a(1-e^2)}\frac{\sin^2 i - e\cos^2 i}{e\sin i}=0 \tag{4.49}$$

图 4.9 给出了冻结轨道偏心率与轨道高度、轨道倾角的关系。

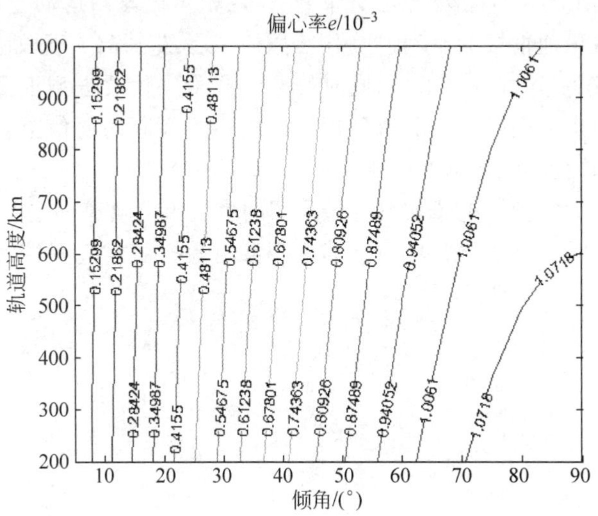

图 4.9　冻结轨道偏心率与轨道高度、轨道倾角的关系图

事实上，冻结轨道是各种常谐项平衡的结果，因此，冻结轨道的计算精度取决于带谐项的阶数，阶数越高，精度越高，但相应的计算工作量也随之增大。通常当轨道倾角小于 50°时，只需考虑 J_2 和 J_3 项；当轨道倾角大于 50°时，需要考虑 J_3 以上的带谐项。

4.4.2 闪电轨道的定义

闪电轨道(Molniya orbit)是一类特殊的冻结轨道,其名称来源于苏联的军民两用的“闪电”通信卫星系列。“闪电”通信卫星采用了倾角为 63.4°的冻结轨道,轨道近地点高度约为 400km,远地点高度约为 40 000km,周期为 12h(图 4.10)。闪电轨道利用了航天器轨道的一个重要性质,即航天器和天体中心的连线在单位时间内扫过的面积相等,可以长时间(约 8h)停留在远地点(设在北半球)附近,从而提供通信支持。

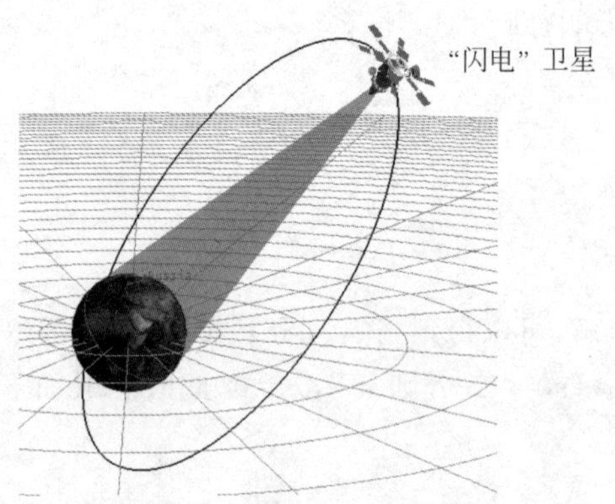

图 4.10 “闪电”卫星轨道

由于苏联地处高纬度地区,静止轨道卫星无法覆盖,而这种轨道远地点在北半球上空,卫星运行一圈大约有 2/3 时间处于北半球上空,且相对地球站运动速度慢,便于地球站跟踪,对高纬度地区卫星通信极为有利。“闪电”通信卫星从 1964 年开始发射,已经发展了三代。现役的系统为第三代“闪电”卫星,同时仍有一些第一代改进型卫星在发射。整个星座由 8 颗卫星组成,轨道面间隔 45°,为高纬度地区提供不间断的通信覆盖。“闪电”卫星在冷战时期承担过美苏总统热线通信的任务。

除此之外,美国的“喇叭”电子侦察卫星采用的也是闪电轨道。主要为美国国家安全局、中央情报局和各军种提供电子情报信息,其主要目的是把侦察范围扩大到纬度较高的俄罗斯和中国北部地区。

第5章

脉冲推力下的轨道机动

在控制系统作用下，航天器有目的地主动改变原有轨道的机动飞行称为“轨道机动”(orbit maneuver)。目前对航天器可控飞行轨道的研究已形成一个新的研究领域，成为天体力学的一个新分支——应用天体力学。

5.1 轨道机动的含义

轨道机动是有目的地使航天器从已有的自由飞行轨道出发，最终到达另一条预定的自由飞行轨道的操作过程。其中，航天器的出发轨道称为“初轨道(或停泊轨道)”；预定要到达的轨道称为“终轨道(或目标轨道)”；而连接初轨道与终轨道的轨道则称为“转移轨道(或过渡轨道)”。

在轨道机动问题中，初轨道、转移轨道和终轨道可以是圆锥曲线中的任何一种轨道，但在这里只讨论椭圆轨道的情况。

5.1.1 轨道机动的目的

(1) 航天器的发射与返回

航天器的发射入轨方式包括直接入轨和间接入轨。在地球静止轨道发射卫星时(图5.1)，为了节省燃料，通常选择间接入轨的方式，即先进入近地点高度几百千米、远地点高度与静止轨道高度(35 786km)相近的大椭圆轨道，然后经过至少两次在远地点附近的变轨控制，最终进入赤道平面内的地球同步圆形轨道。对于某些需要回收的返回式航天器，在返回时，制动火箭工作，使航天器在制动方向上获得附加速度 Δv，改变航天器运行的方向和速度，使其脱离原来的运行轨道，进入返回轨道。

(2) 航天器的轨道保持

由于自然摄动力的作用，航天器的实际运行轨道将随着时间的推移逐渐偏离理想轨道。当轨道偏差增大到预定界限时，就需要进行轨道机动，以消除偏差，甚至可以预置与摄动变化趋势相反的“负偏差”。通过机动与摄动的反复交替来保持实际轨道相对于理想轨道的偏差小于任务规定的界限。每一次轨道保持机动的初轨道，是将要到达偏差界限的实际轨道，

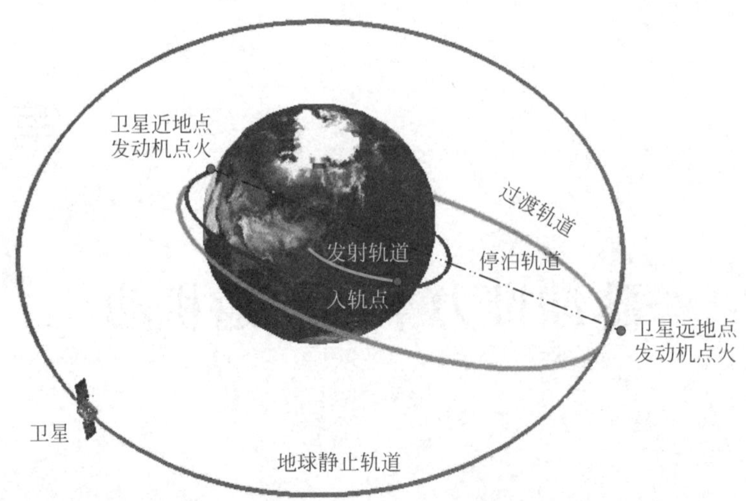

图 5.1　地球静止卫星发射过程示意图

而终轨道则是"零偏差"或"负偏差"轨道。每次轨道保持要通过一次或几次变轨来实现。

(3) 航天器的交会对接

通常假设只对追踪航天器进行轨道机动,使之最终以很小的相对速度和一定的相对姿态接近目标航天器,并使二者在结构上连接为一个整体。在交会对接的情况下(图 5.2),初轨道为追踪航天器控前的实际轨道,终轨道则是在开始对接时目标航天器的实际轨道。在航天器的交会对接过程中,追踪航天器在轨道机动过程中通常需要进行多次变轨。

图 5.2　"神舟九号"与"天宫一号"对接完成

(4) 其他复杂太空活动

随着航天活动的深入,太空活动越加丰富多彩,月球探测器、行星际探测器不断发射升空。这些太空活动的轨道都是由多段轨道拼接而成的,而完成这个拼接任务就需要进行轨道机动。例如,如图 5.3 所示的探月轨道和图 5.4 所示的拦截轨道。

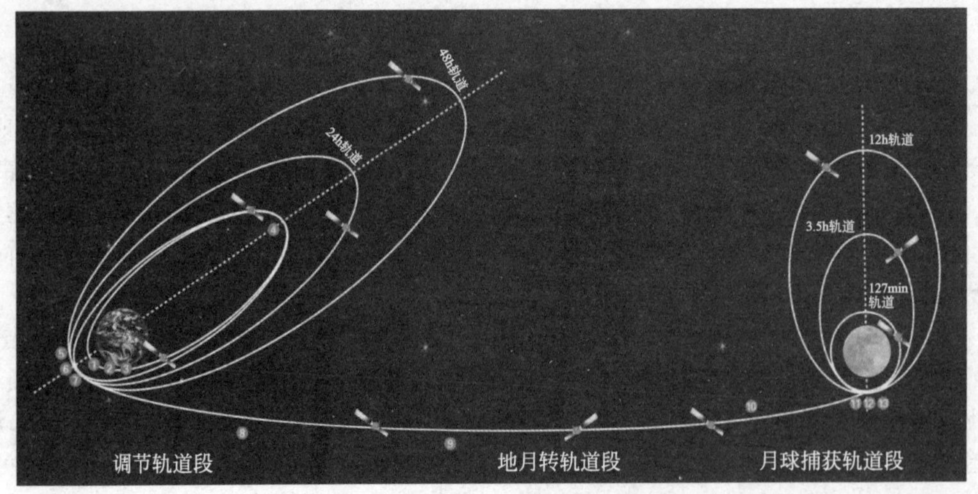

图 5.3　"嫦娥一号"轨道示意图

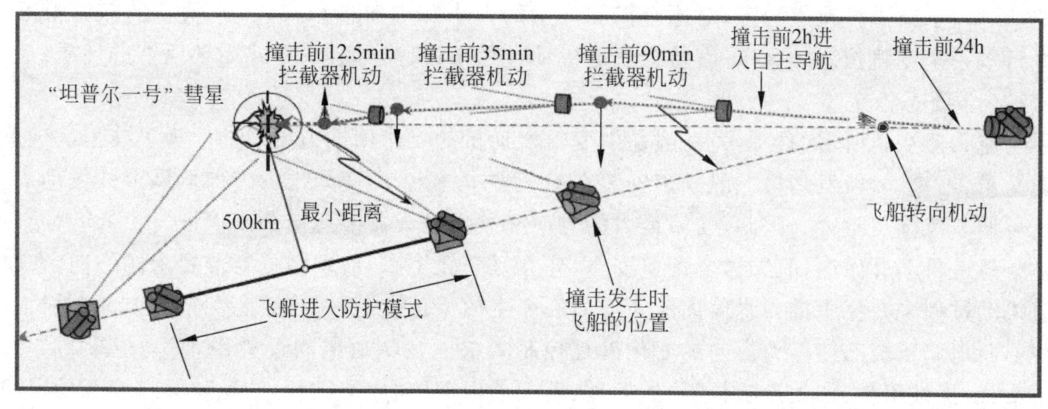

图 5.4　“深度撞击”试验轨道拦截示意图

5.1.2　轨道机动的约束条件

实现轨道机动一般需要经过多次变轨，每次变轨所需的控制力大小、方向以及变轨发动机的开机、关机时刻，都受到以下条件的约束。

(1) 开普勒轨道约束

虽然轨道机动的变轨过程有人为外力作用，属于非开普勒轨道，但是轨道机动的起始和终止时刻仍需满足初轨道和终轨道的边界条件，因此仍然受到开普勒轨道的条件约束。

(2) 推进发动机及携带燃料的限制

虽然大气阻力、太阳辐射压力、电磁力等环境力也可用于变轨，但是推力很小，任务完成时间过长。因此，目前绝大多数航天器轨道机动所需的变轨推力还是由推进发动机产生的。推进发动机的种类不同，其推力大小和可控性也存在很大区别。固体发动机推力的大小和持续时间是不可控的，其总冲量是预先设定的，一次性使用，可控参数只有点火时刻。一般来说，固体发动机推力大(可达几十千牛)、作用时间短(几十秒)。液体或冷气火箭发动机推力的大小是预先设定的(恒值或随贮箱压力而变)，开、关机时间可控，可重复启动，但是推力较小(零点几牛至几百牛)。电推进发动机情况与液体发动机类似，只是推力更小，但作用时间可以很长。

轨道机动的过程是对航天器施加控制力而实现变轨的过程，控制力的产生需要推进发动机燃烧燃料产生人为控制的反作用推力。因此，航天器携带燃料的多少决定了能够产生的速度增量，从而决定了航天器的变轨能力。

(3) 导航与导引

如果航天器具有自主导航能力，则航天器质心运动状态可以实时确定，从而可以作为变轨控制中的反馈信息。此时，轨道机动具有闭环控制的性质，由此状态反馈确定控制参数的规律称为“导引律(或制导律)”。

如果采用星-地大回路控制方式，而且地面测控站仅在航天器的自由飞行段才有精确确定其轨道状态的能力，那么，只能将控制变量作为时间的函数，该函数在轨道机动开始之前，根据初轨道的测定值来确定。这样，轨道机动便具有开环控制的性质。由于轨道机动通常包括几次变轨，虽然每一次变轨都是开环性质，但在前一次变轨后的自由飞行段中，地面测控站可以重新进行轨道测定，对原有控制冲量的大小和方向进行修正，产生新的控制策略，进行下一次变轨控制。这样，就整个轨道机动过程来说，又具有采样式闭环反馈的性质。

(4) 姿态稳定

航天器变轨所需的控制力一般是由变轨发动机的反作用推力提供的。为了技术实现上的简单、可靠，变轨发动机一般固定安装在航天器本体上，即使是推力方向可调节的发动机，其可调节范围也不大。因此，变轨推力的方向必须由航天器姿态控制来保证。

轨道机动开始前，航天器要调整姿态，建立好变轨姿态，使发动机对准要求的方向，在轨道机动过程中要克服推力线偏离航天器质心产生的干扰力矩，保持姿态和推力方向的稳定，并不断地修正姿态使推力方向的变化满足控制要求。在轨道机动过程中，发动机推力导致的干扰、挠性附件(如太阳帆板等)的振动、航天器内液体(如推进剂)的晃动等对姿态稳定和控制系统的设计起着决定性作用。例如，若使用固体发动机，由于其推力及相应的干扰力矩很大，航天器一般采用自旋稳定方式，而挠性附件需要处于收拢状态。

(5) 姿态测量的限制

当使用线性范围较小的地球敏感器作为轨道机动期间的姿态测量部件时，该敏感器的光轴必须指向地球方向。如果要求使用太阳敏感器测量姿态，则变轨姿态的选择要保证太阳在太阳敏感器的视场之内。由于发动机通常固定安装于航天器上，对姿态调整的限制也就转化为对变轨发动机推力方向的约束条件。例如，若变轨推力发动机的主轴与地球敏感器光轴垂直，则推力方向将被约束在水平面内。

(6) 飞行要求和操作复杂性的限制

在对地定向卫星执行观测或通信任务的过程中，如需进行轨道机动，通常不允许进行大的姿态调整，否则会中断观测或通信任务。因此，要求维持在原姿态条件下进行轨道机动。此时，就要求多个轨道控制发动机同时工作，推力方向矢量叠加，产生要求的推力方向和大小。多个轨道控制发动机的推力方向和大小又反过来约束了最终产生的推力方向的选择。

对于三轴稳定卫星，一般至少配有能分别产生轨道平面内沿速度方向、与速度矢量方向垂直以及垂直于轨道面的3台推力发动机。对于自旋稳定卫星，若其自旋轴垂直于轨道平面，则通常配有推力平行于自旋轴的发动机和垂直于自旋轴的发动机。前者产生沿轨道法向的推力，后者在适当的自旋相位上产生轨道平面内任意方向的推力。

5.1.3 轨道机动的分类

轨道机动的特征速度是指各次变轨速度改变量绝对值之总和。特征速度越大，轨道机动消耗的燃料越多。如果特征速度比轨道运动的速度小得多，那么初轨道与终轨道在某种意义下差别不大；如果消耗的燃料量比航天器质量小得多，那么轨道机动的数学模型可以线性化，此时可以大大简化轨道机动的分析设计。根据以上假设条件是否成立，轨道机动可以分为轨道修正(或轨道调整)和一般的轨道机动。

按控制力的大小和作用时间长短，轨道机动可以分为脉冲式机动和有限(连续)推力机动。脉冲式机动是指发动机在非常短暂的时间内产生推力，使航天器获得脉冲速度。分析时可以认为速度变化是在一瞬间完成的，当然这是对实际问题的抽象化。有限(连续)推力机动是指在持续的一段时间内依靠小的作用力改变轨道。推力作用弧段可能遍及整个轨道机动过程的大部分或全部。在该种情况下，变轨控制的导引率包括发动机的开、关机时刻，推力方向随时间变化。其中，脉冲式轨道机动按照初轨道与终轨道的关系，可分为轨道调整、轨道改变、轨道转移和轨道拦截 4 种。

(1) 轨道调整

指对轨道参数进行微小的改变。如入轨时由于精度不够而进行的轨道捕获(或叫轨道校正)；又如为了抵消摄动影响而使轨道根数保持设计值的轨道保持。

(2) 轨道改变

当终轨道与初轨道相交(切)时，在交(切)点施加一次冲量即可使航天器由初轨道进入终轨道，这称为“轨道改变”，如图 5.5 所示。

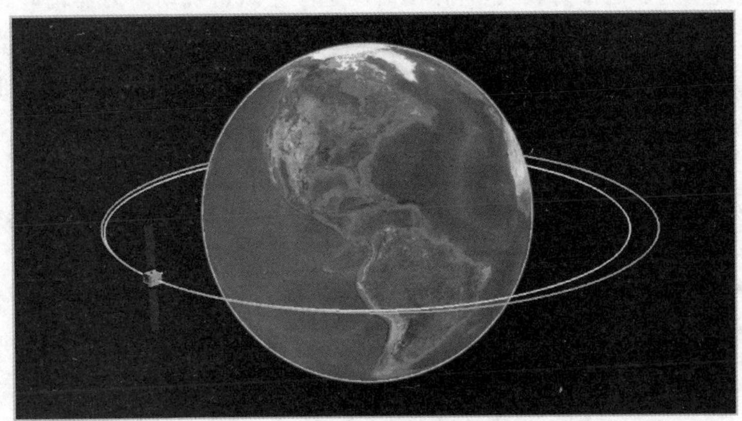

图 5.5　轨道改变(后附彩图)

(3) 轨道转移

当终轨道与初轨道不相交(切)时，则至少要施加两次冲量才能使航天器由初轨道进入终轨道，这称为“轨道转移”，如图 5.6 所示。连接初轨道与终轨道的过渡轨道称为“转移轨道”。轨道转移给定了终轨道的大小、形状和在空间的方向，即给定了 5 个轨道根数，但对航天器在该轨道上何时通过某个具体位置没有要求。

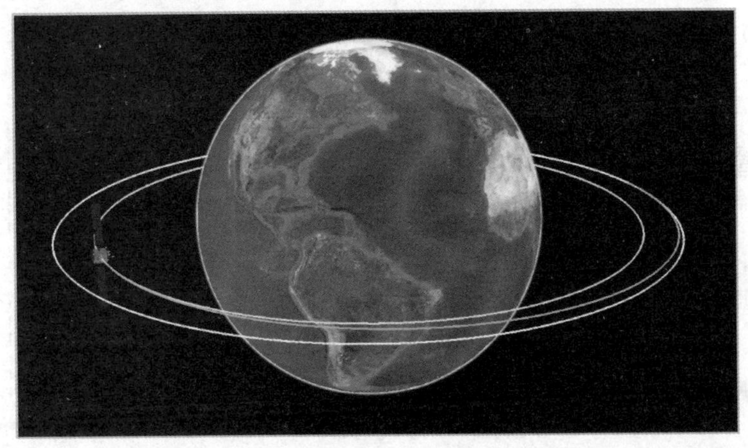

图 5.6　轨道转移(后附彩图)

(4) 轨道拦截

通过施加一次冲量完成变轨，但是其终轨道是待定的，只希望拦截轨道能够与空间预定目标器交会即可。开普勒轨道可以用三维位置矢量和速度矢量作为状态变量(共6个)来描述。轨道拦截要求轨道机动的航天器与空间预定目标器在未来同一时刻到达空间同一位置，因此，只要求确定终轨道的3个位置状态量，而3个速度状态量可自由选择。

5.1.4 脉冲推力的含义

如果轨道机动施加的推力较大，且作用时间远小于轨道机动前后的轨道周期，则可以将轨道机动的推力近似为脉冲推力。在脉冲推力的作用下，可以认为航天器在空间的位置不变，而速度矢量突然获得改变量 Δv，同时航天器的质量由于推进剂的消耗也突然改变了 Δm，速度增量 Δv 与 Δm 之间的关系为

$$\Delta v = -v_e \ln(1 - \Delta m/m) \tag{5.1}$$

其中，v_e 为有效排气速度，等于地球表面重力加速度 g_0 和发动机比冲 I_{sp} 的乘积，即 $v_e = g_0 I_{sp}$；m 为机动前航天器的质量。

当推力加速度较大，但作用时间较长时，可首先应用脉冲推力模型计算出轨道机动需要施加的脉冲推力的时刻、大小和方向，然后利用一定的等价关系求出当发动机推力 F 和比冲 I_{sp} 恒定时，沿脉冲方向持续施加推力的时间，即

$$\Delta t = \frac{mv_e}{F}\left[1 - \exp(-\Delta v/v_e)\right] \tag{5.2}$$

5.2 轨道调整

轨道调整是特征速度很小的一类轨道机动。利用推力来消除轨道积分常数的微小偏差所需的速度增量较小，相应的小推力加速度可视为摄动加速度，因此可以用轨道摄动的方法进行研究。由于燃料消耗不多，可认为航天器质量为常数，这样便可以得到线性化动力学方程。

5.2.1 轨道调整的基本方法

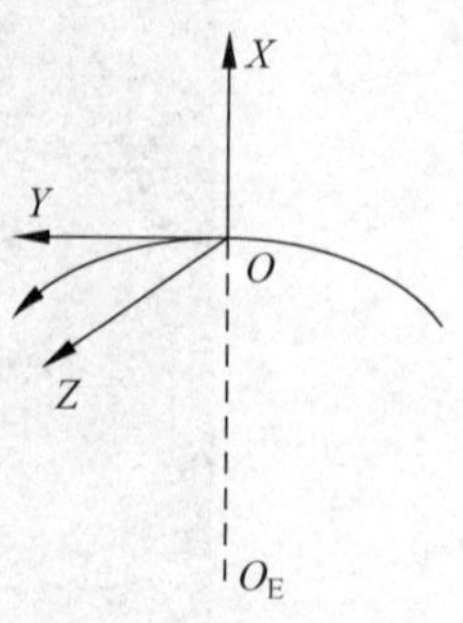

图 5.7 轨道坐标系

建立轨道坐标系 O-XYZ，即 X 轴为径向，Y 轴为周向，Z 轴为轨道平面的法向，如图 5.7 所示。

设推力加速度在 O-XYZ 坐标系中的投影为 a_X，a_Y，a_Z，则由卫星摄动方程可知，在小推力加速度作用下的轨道要素变化率为

$$\begin{cases}\dfrac{\mathrm{d}a}{\mathrm{d}t}=\dfrac{2a^2\left[e\sin f\cdot a_X+(1+e\cos f)\cdot a_Y\right]}{\sqrt{\mu p}}\\ \dfrac{\mathrm{d}e}{\mathrm{d}t}=\dfrac{r\left[\sin f(1+e\cos f)\cdot a_X+(2\cos f+e+e\cos^2 f)\cdot a_Y\right]}{\sqrt{\mu p}}\\ \dfrac{\mathrm{d}\omega}{\mathrm{d}t}=\dfrac{r\left[-\cos f(1+e\cos f)\cdot a_X+\sin f(2+e\cos f)\cdot a_Y\right]}{e\sqrt{\mu p}}-\cos i\cdot\dfrac{\mathrm{d}\Omega}{\mathrm{d}t}\\ \dfrac{\mathrm{d}\Omega}{\mathrm{d}t}=\dfrac{r\sin u\cdot a_Z}{\sin i\cdot\sqrt{\mu p}}\\ \dfrac{\mathrm{d}i}{\mathrm{d}t}=\dfrac{r\cos u\cdot a_Z}{\sqrt{\mu p}}\\ \dfrac{\mathrm{d}M}{\mathrm{d}t}=\dfrac{(p\cos f-2re)\cdot a_X-(p+r)\sin f\cdot a_Y}{e\sqrt{\mu a}}+\sqrt{\dfrac{\mu}{a^3}}\end{cases}\tag{5.3}$$

当发动机按冲量方式工作时，设冲量使卫星获得的速度增量为 Δv，其在轨道坐标系 $O\text{-}XYZ$ 的各轴上的分量分别为 $\Delta v_X,\Delta v_Y,\Delta v_Z$。把速度增量视为摄动加速度 a_X,a_Y,a_Z 与时间间隔 Δt 的乘积，则由式(5.3)可知，冲量使轨道根数产生的瞬时变化为

$$\begin{cases}\Delta a=\dfrac{2a^2\left[e\sin f\cdot\Delta v_X+(1+e\cos f)\cdot\Delta v_Y\right]}{\sqrt{\mu p}}\\ \Delta e=\dfrac{r\left[\sin f(1+e\cos f)\cdot\Delta v_X+(2\cos f+e+e\cos^2 f)\cdot\Delta v_Y\right]}{\sqrt{\mu p}}\\ \Delta\omega=\dfrac{r\left[-\cos f(1+e\cos f)\cdot\Delta v_X+\sin f(2+e\cos f)\cdot\Delta v_Y\right]}{e\sqrt{\mu p}}-\cos i\cdot\Delta\Omega\\ \Delta\Omega=\dfrac{r\sin u\cdot\Delta v_Z}{\sin i\cdot\sqrt{\mu p}}\\ \Delta i=\dfrac{r\cos u\cdot\Delta v_Z}{\sqrt{\mu p}}\\ \Delta M=\dfrac{(p\cos f-2re)\cdot\Delta v_X-(p+r)\sin f\cdot\Delta v_Y}{e\sqrt{\mu a}}+\sqrt{\dfrac{\mu}{a^3}}\end{cases}\tag{5.4}$$

如果卫星实际运行的轨道与设计的标准轨道的根数偏差为 $\mathrm{d}a,\mathrm{d}e,\mathrm{d}i,\mathrm{d}\Omega,\mathrm{d}\omega,\mathrm{d}M$，则修正量必须满足 $\Delta a=-\mathrm{d}a,\Delta e=-\mathrm{d}e,\Delta i=-\mathrm{d}i,\Delta a=-\mathrm{d}a,\Delta\omega=-\mathrm{d}\omega,\Delta M=-\mathrm{d}M$。由式(5.4)可知，轨道平面内的速度增量 Δv_X 和 Δv_Y 可以用来修正 a,e,ω 和 M 的偏差，而 Δv_Z 可以用来修正 Ω,i,ω 的偏差。

典型的轨道调整包括周期的调整、长半轴和偏心率的调整、升交点赤经与轨道倾角的调整等。

5.2.2　轨道周期的调整

对地观测卫星的轨道运动周期 T 影响其对地面的覆盖情况以及轨道平面的进动角速度，也影响卫星编队任务中的构型保持。对于执行这类任务的卫星，通常希望其轨道周期保

持不变。

天体在椭圆轨道上的运行周期为

$$T = 2\pi\sqrt{\frac{a^3}{\mu}} \tag{5.5}$$

由上式可见，椭圆轨道的运行周期 T 只与长半轴 a 有关。对上式求导，得

$$\mathrm{d}T = 3\pi\sqrt{\frac{a^3}{\mu}}\frac{\mathrm{d}a}{a} \quad 或 \quad \frac{\mathrm{d}T}{T} = \frac{3}{2}\frac{\mathrm{d}a}{a} \tag{5.6}$$

因此，轨道周期的调整可以通过调整长半轴 a 来实现。根据式(5.4)有

$$\frac{1}{3}\cdot\frac{\mathrm{d}T}{T} = \frac{-a\left[e\sin f\cdot\Delta v_X + (1+e\cos f)\cdot\Delta v_Y\right]}{\sqrt{\mu p}} \tag{5.7}$$

为了产生径向和周向的速度增量，发动机必须在卫星轨道平面内产生推力。设安装在卫星纵对称面内的发动机提供的瞬时速度增量为 Δv（位于轨道平面内），在 O-XYZ 坐标系中与 Y 轴的夹角为 φ，如图 5.8 所示。

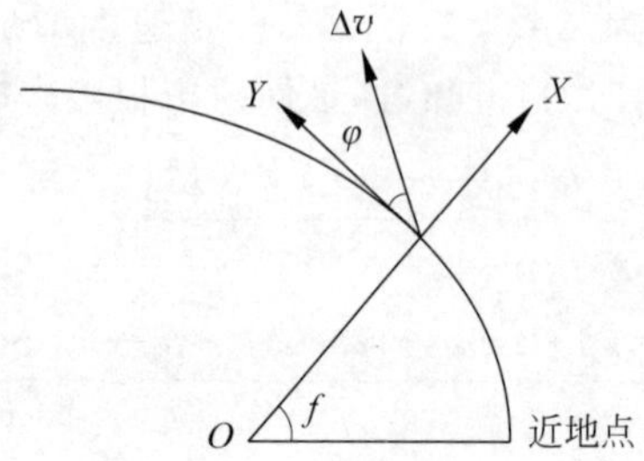

图 5.8　瞬时速度增量 Δv

则有

$$\begin{cases}\Delta v_X = \Delta v\sin\varphi \\ \Delta v_Y = \Delta v\cos\varphi\end{cases} \tag{5.8}$$

将式(5.8)代入式(5.7)，得

$$\frac{1}{3}\cdot\frac{\mathrm{d}T}{T} = \frac{-a}{\sqrt{\mu p}}\left[e\sin f\sin\varphi + (1+e\cos f)\cos\varphi\right]\Delta v$$

令

$$F(f,\varphi) = e\sin f\sin\varphi + (1+e\cos f)\cos\varphi \tag{5.9}$$

则

$$\frac{1}{3}\cdot\frac{\mathrm{d}T}{T} = \frac{-a}{\sqrt{\mu p}}F(f,\varphi)\Delta v \tag{5.10}$$

由式(5.10)可知，当$\frac{\mathrm{d}T}{T}$给定时，修正 T 所需的 Δv 是航天器真近点角 f（即发动机在轨道上工作点的位置）和 φ（即 Δv 的方向）的函数，即

$$\Delta v = -\frac{1}{3}\frac{\mathrm{d}T}{T}\frac{\sqrt{\mu p}}{a}\frac{1}{F(f,\varphi)} > 0 \tag{5.11}$$

上式中的 f 和 φ 可以任意选择，从实际工程角度选择时，通常希望所需的速度增量 Δv 达到最小值 $\Delta v_{\min}$，即满足能量最省的要求。由于 Δv 恒大于0，因此，当 $\mathrm{d}T<0$ 时，要使 $\Delta v=\Delta v_{\min}$，则要求 $F=F_{\max}>0$；当 $\mathrm{d}T>0$ 时，要使 $\Delta v=\Delta v_{\min}$，则要求 $F=F_{\min}<0$。因此，求 $\Delta v_{\min}$ 转变为求 $F(f,\varphi)$ 的极值问题。

将式(5.9)对 φ 求导，得

$$\frac{\partial F}{\partial \varphi}=e\sin f\cos\varphi-(1+e\cos f)\sin\varphi \tag{5.12}$$

令 $\dfrac{\partial F}{\partial \varphi}=0$，则

$$\tan\varphi=\frac{e\sin f}{1+e\cos f}$$

已知航天器的当地速度倾角为

$$\tan\Theta=\frac{e\sin f}{1+e\cos f}$$

因此，F 取极值的条件为

$$\varphi=\Theta \quad 或 \quad \varphi=\pi+\Theta \tag{5.13}$$

将式(5.9)对 φ 求二阶导，得

$$\begin{aligned}\frac{\partial^2 F}{\partial^2 \varphi}&=-e\sin f\sin\varphi-(1+e\cos f)\cos\varphi\\&=-\cos\varphi\left[e\sin f\tan\varphi+(1+e\cos f)\right]\\&=-\cos\varphi\left[\frac{e^2\sin^2 f+(1+e\cos f)^2}{1+e\cos f}\right]\end{aligned} \tag{5.14}$$

由上式可知，$\dfrac{\partial^2 F}{\partial^2 \varphi}$ 的正负取决于 $\cos\varphi$，于是

- 当 $\varphi=\Theta$ 时，$\cos\varphi>0$，则 $\dfrac{\partial^2 F}{\partial^2 \varphi}<0$，因此 $F=F_{\max}$，$\mathrm{d}T<0$；
- 当 $\varphi=\pi+\Theta$ 时，$\cos\varphi<0$，则 $\dfrac{\partial^2 F}{\partial^2 \varphi}>0$，因此 $F=F_{\min}$，$\mathrm{d}T>0$。

可见，对于轨道上的任意工作点，当发动机沿此点的轨道切线方向提供速度增量时，可以节省能量，且当 $\mathrm{d}T<0$ 时，Δv 应与速度方向相同；当 $\mathrm{d}T>0$ 时，Δv 应与速度方向相反。

对于任意给定的 f，Δv 的极小值称为"局部极小值"，记为 $\Delta v_{\min}^{*}$，则

$$\begin{aligned}\Delta v_{\min}^{*}&=-\frac{1}{3}\frac{\mathrm{d}T}{T}\frac{\sqrt{\mu p}}{a}\frac{1}{e\sin f\sin\varphi+(1+e\cos f)\cos\varphi}\\&=-\frac{1}{3}\frac{\mathrm{d}T}{T}\frac{\sqrt{\mu p}}{a}\frac{1}{\cos\varphi\left[e\sin f\tan\Theta+(1+e\cos f)\right]}\\&=\frac{\sqrt{\mu p}}{3a}\frac{1}{|\cos\varphi|\left[e\sin f\tan\Theta+(1+e\cos f)\right]}\frac{|\mathrm{d}T|}{T}\end{aligned} \tag{5.15}$$

由于

$$|\cos\varphi|=\cos\Theta=\frac{1+e\cos f}{\sqrt{1+2e\cos f+e^2}}$$

因此，有

$$\Delta v_{\min}^{*}=\frac{\sqrt{\mu p}}{3a}\frac{\sqrt{1+e^{2}+2e\cos f}}{1+e\cos f}\frac{1}{\left[e\sin f\,\dfrac{e\sin f}{1+e\cos f}+(1+e\cos f)\right]}\frac{|\mathrm{d}T|}{T}$$
$$=\frac{\sqrt{\mu p}}{3a\sqrt{1+e^{2}+2e\cos f}}\frac{|\mathrm{d}T|}{T} \tag{5.16}$$

可见，局部极小值 $\Delta v_{\min}^{*}$ 为 f 的函数，通过选择 f 可以获得 Δv 的全局最小值，记为 $\Delta v_{\min}$。由式(5.16)可知，当 $f=0°$时，有

$$\Delta v=\Delta v_{\min}=\frac{\sqrt{\mu p}}{3a(1+e)}\cdot\frac{|\mathrm{d}T|}{T} \tag{5.17}$$

因此，在调整轨道周期时，能量最省的方案是在轨道近地点沿切线方向施加速度增量，相应的速度增量为

$$\Delta v_{Y}=-\frac{\sqrt{\mu p}}{3a(1+e)}\cdot\frac{\mathrm{d}T}{T} \tag{5.18}$$

调整轨道周期的发动机可沿航天器纵轴安装，正、反方向各安装一台。当航天器飞至近地点时，姿态控制系统把航天器纵轴调整至轨道切线方向(即当地水平线)，并根据 $\mathrm{d}T$ 的符号启动相应的发动机。当 $\mathrm{d}T<0$ 时，启动正向发动机；当 $\mathrm{d}T>0$ 时，启动反向发动机。

5.2.3 轨道长半轴和偏心率的调整

对地观测卫星的覆盖情况与轨道运动周期有关，而其地面分辨力的均匀性则与偏心率有关。在调整轨道周期时，可能给轨道偏心率带来交联影响。为了使轨道的长半轴和偏心率都能保持标称值，必须同时调整 a 和 e。

如果已知 $\mathrm{d}a$ 与 $\mathrm{d}e$，那么由式(5.4)可知：

$$\begin{cases}-\mathrm{d}a=\dfrac{2a^{2}\left[e\sin f\cdot\Delta v_{X}+(1+e\cos f)\cdot\Delta v_{Y}\right]}{\sqrt{\mu p}}\\[2ex]-\mathrm{d}e=\dfrac{r\left[\sin f(1+e\cos f)\cdot\Delta v_{X}+(2\cos f+e+e\cos^{2}f)\cdot\Delta v_{Y}\right]}{\sqrt{\mu p}}\end{cases}$$

令

$$\begin{cases}A=-\dfrac{h}{2a}\cdot\dfrac{\mathrm{d}a}{a}\\[2ex]E=-\dfrac{h}{a}\cdot\dfrac{\mathrm{d}e}{1-e^{2}}\end{cases}$$

则

$$\begin{cases}A=e\sin f\cdot\Delta v_{X}+\dfrac{p}{r}\cdot\Delta v_{Y}\\[2ex]E=\sin f\cdot\Delta v_{X}+\left[\left(1+\dfrac{r}{p}\right)\cdot\cos f+\dfrac{r}{p}\cdot e\right]\cdot\Delta v_{Y}\end{cases} \tag{5.19}$$

可见，当已知 a 和 e 的偏差 $\mathrm{d}a$ 和 $\mathrm{d}e$ 时，A 和 E 为已知量，则施加的速度增量 Δv_X，Δv_Y 是 f 的函数。当 $\sin f\neq 0$ 时，有

$$\begin{cases}\Delta v_X=\dfrac{A+\dfrac{p}{r}\cdot\dfrac{a}{r}\cdot(eE-A)}{e\sin f}\\ \Delta v_Y=-\dfrac{a}{r}\cdot(eE-A)\end{cases}\tag{5.20}$$

则进行轨道调整所需的速度增量 Δv 和 Δv 的方向角 φ 为

$$\begin{cases}\Delta v=\sqrt{\Delta v_X^2+\Delta v_Y^2}\\ \varphi=\arctan\dfrac{\Delta v_X}{\Delta v_Y}\end{cases}\tag{5.21}$$

因此，可以通过选择发动机工作点，使轨道调整所需的速度增量为最小，即 $\Delta v=\Delta v_{\min}$ 成立的必要条件为

$$\frac{\mathrm{d}(\Delta v^2)}{\mathrm{d}f}=0\tag{5.22}$$

由于星上发动机的安装位置受限，通常沿卫星体坐标系的主轴安装，因此有以下 3 种调整方式：一是同时利用 Δv_X 和 Δv_Y 对 a 和 e 进行调整；二是只利用 Δv_Y 对 a 和 e 同时进行调整；三是只利用 Δv_Y 分别对 a 和 e 进行调整。

(1) 同时利用 Δv_X 和 Δv_Y 对 a 和 e 进行调整

令

$$\begin{cases}Q=\dfrac{p}{r}\\ C=\dfrac{a(eE-A)}{p}\\ D=C[2A-(1-e^2)]\end{cases}\tag{5.23}$$

其中，Q 是 f 的函数，且 Q 恒大于 0，C 和 D 均为已知量。因此，式(5.20)可写为

$$\begin{cases}\Delta v_X^2=\dfrac{(A+CQ^2)^2}{e^2-(Q-1)^2}\\ \Delta v_Y^2=C^2Q^2\end{cases}$$

将上式代入式(5.21)的第一式，则有

$$\Delta v^2=\frac{A+CDQ^2+2C^2Q^3}{(e^2-1)+2Q-Q^2}\tag{5.24}$$

由上式可知，进行轨道调整的速度增量 Δv 是 Q 的函数，也就是 f 的函数，则 $\Delta v=\Delta v_{\min}$ 成立的必要条件由式(5.22)改写为

$$\frac{\mathrm{d}(\Delta v^2)}{\mathrm{d}Q}=0\tag{5.25}$$

该必要条件是 Q 的四次代数方程，一般需要用数值积分方法求解。

(2) 只利用 Δv_Y 对 a 和 e 同时进行调整

当航天器的纵轴在姿态控制系统控制下与当地水平线保持一致时，沿纵轴安装一对推

力方向相反的发动机,可在航天器轨道上任一点提供周向速度增量 Δv_Y。该方法可以简化推力方向的控制,使得式(5.21)中恒有 $\varphi=0°$ 或 $\varphi=180°$。在此情况下,由

$$\begin{cases}\Delta a=\dfrac{2a^2\left[e\sin f\cdot\Delta v_X+(1+e\cos f)\cdot\Delta v_Y\right]}{\sqrt{\mu p}}\\[2ex] \Delta e=\dfrac{r\left[\sin f(1+e\cos f)\cdot\Delta v_X+(2\cos f+e+e\cos^2 f)\cdot\Delta v_Y\right]}{\sqrt{\mu p}}\end{cases}$$

可得

$$\begin{cases}\Delta a=\dfrac{2a^2(1+e\cos f)\cdot\Delta v_Y}{\sqrt{\mu p}}\\[2ex] \Delta e=\dfrac{r(2\cos f+e+e\cos^2 f)\cdot\Delta v_Y}{\sqrt{\mu p}}\end{cases}\tag{5.26}$$

为确保能同时对 a 和 e 进行调整,必须满足条件:

$$\frac{2a^2(1+e\cos f)}{r(2\cos f+e+e\cos^2 f)}=\frac{\Delta a}{\Delta e}\tag{5.27}$$

变形后,可得:

$$\frac{2a^2 e}{p}\frac{(1+e\cos f)^2}{(1+e\cos f)^2+e^2-1}=\frac{\Delta a}{\Delta e}\tag{5.28}$$

由于

$$Q=\frac{p}{r}=1+e\cos f\tag{5.29}$$

将其代入式(5.28),可得:

$$\frac{2a^2 e}{p}\frac{Q^2}{Q^2+e^2-1}=\frac{\Delta a}{\Delta e}\tag{5.30}$$

对上述方程求解,可得:

$$Q^2=\frac{p\Delta a(e^2-1)}{2a^2 e\Delta e-p\Delta a}$$

即

$$Q=\sqrt{\frac{p\Delta a(e^2-1)}{2a^2 e\Delta e-p\Delta a}}=\sqrt{\frac{1-e^2}{1-\dfrac{2a^2 e}{p}\dfrac{\Delta e}{\Delta a}}}\tag{5.31}$$

因为 $Q=1+e\cos f$,故 $1-e\leqslant Q\leqslant 1+e$,于是有

$$(1-e)^2\leqslant\frac{p\Delta a(e^2-1)}{2a^2 e\Delta e-p\Delta a}\leqslant(1+e)^2\tag{5.32}$$

只有当需要调整的量 Δa 和 Δe 满足上述条件时,轨道上才存在同时调整 a 和 e 的工作点。此时,可由式(5.31)求解 Q,再由式(5.29)确定 f 值。最终,同时调整 a 和 e 的速度增量 Δv_Y 可由式(5.26)的第一式求得,即

$$\Delta v_Y=-\frac{\mathrm{d}a}{a}\frac{\sqrt{\mu p}}{2a}\frac{1}{Q}\tag{5.33}$$

(3) 利用 Δv_Y 分别对 a 和 e 进行调整

当需要调整的量 Δa 和 Δe 不满足式(5.32)的条件时，不能通过一次冲量同时对 a 和 e 进行调整，这时需要采用多次冲量对 a 和 e 分别进行调整，并且多次冲量对 a 和 e 进行调整有可能使消耗的能量小于一次冲量时消耗的能量。

假设标称轨道为近圆轨道，其偏心率 e 很小，则 $p=a(1-e^2)\approx a$。此时，式(5.26)简化为

$$\begin{cases}\Delta a = \dfrac{2(1+e\cos f)\cdot \Delta v_Y}{n} \\ \Delta e = \dfrac{(2\cos f + e\sin^2 f)\cdot \Delta v_Y}{na}\end{cases} \tag{5.34}$$

用 Δv_Y 先对 e 进行调整，再对 a 进行调整。

由式(5.4)可知，单独对 e 调整时，将发动机的工作点选在 $f=0°$ 或 $f=180°$ 时，可使能量最省。此时需要的速度增量为

- 当 $f=0°$时，$\Delta v_Y = \dfrac{na\Delta e}{2}$；
- 当 $f=180°$时，$\Delta v_Y = -\dfrac{na\Delta e}{2}$。

e 调整后，再调整 a。此时 a 需要调整的量为 $\Delta a'$，包含两部分：一部分是原来需要调整的量；另一部分是由于调整 e 而引起的 a 的偏差，这部分的偏差记为$-(\mathrm{d}a)$。因此，有

$$\Delta a' = \Delta a - (\mathrm{d}a)$$

即

- 当 $f=0°$时，$\Delta a' = \Delta a-(e+1)a\Delta e$；
- 当 $f=180°$时，$\Delta a' = \Delta a-(e-1)a\Delta e$。

可见，当 Δa 与 Δe 同号时，可以选择 $f=0°$；异号时可以选择 $f=180°$，这样在调整 e 的同时，已经对 a 进行了部分需要的调整，从而节约能量。

在对 a 进行调整时，发动机工作点选在 $f=0°$和 $f=180°$。在这两点发动机各工作一次，每次速度增量相等，为$\dfrac{n\Delta a'}{4}$。这样调整 a 时 e 不发生变化。

因此，在用 Δv_Y 对 a 和 e 分别进行调整时，共需要两次冲量，具体的调整过程为

- 当 Δa 与 Δe 同号时，取 $\Delta a' = \Delta a-(e+1)a\Delta e$，并且第一次冲量 Δv_{Y1} 施加在 $f=0°$处，第二次冲量 Δv_{Y2} 施加在 $f=180°$处，则

$$\begin{cases}\Delta v_{Y1} = \dfrac{na\Delta e}{2} + \dfrac{n\Delta a'}{4} = n\,\dfrac{\Delta a + (1-e)a\Delta e}{4} \\ \Delta v_{Y2} = \dfrac{n\Delta a'}{4} = n\,\dfrac{\Delta a - (1+e)a\Delta e}{4}\end{cases} \tag{5.35}$$

- 当 Δa 与 Δe 异号时，取 $\Delta a' = \Delta a-(1-e)a\Delta e$，并且第一次冲量 Δv_{Y1} 施加在 $f=180°$处，第二次冲量 Δv_{Y2} 施加在 $f=0°$处，则

$$\begin{cases}\Delta v_{Y1} = \dfrac{-na\Delta e}{2} + \dfrac{n\Delta a'}{4} = n\,\dfrac{\Delta a - (1+e)a\Delta e}{4} \\ \Delta v_{Y2} = \dfrac{n\Delta a'}{4} = n\,\dfrac{\Delta a + (1-e)a\Delta e}{4}\end{cases} \tag{5.36}$$

5.2.4 升交点赤经与轨道倾角的调整

由式(5.4)可知：

$$\begin{cases}\Delta\Omega = \dfrac{r\sin u \cdot \Delta v_Z}{\sqrt{\mu p}\sin i} \\ \Delta i = \dfrac{r\cos u \cdot \Delta v_Z}{\sqrt{\mu p}}\end{cases} \tag{5.37}$$

因此，利用垂直于轨道平面的 Z 轴方向的速度增量即可对升交点赤径和轨道倾角进行调整。而且，在 $u=0°$ 或 $u=180°$ 处施加冲量可单独调整轨道倾角而不引起升交点赤经的变化；在 $u=90°$ 或 $u=270°$ 处施加冲量可单独调整升交点赤经而不引起轨道倾角的变化。

对于圆轨道，单独调整 $\Delta\Omega$ 和 Δi 所需的速度增量为

$$\begin{cases}\Delta v_{Z\Omega} = v_c \cdot \sin i \cdot \Delta\Omega \\ \Delta v_{Zi} = v_c \cdot \Delta i\end{cases} \tag{5.38}$$

其中，$v_c=\sqrt{\dfrac{\mu}{p}}$ 为圆周速度。可见，当 $\Delta v_{Z\Omega}$ 和 Δv_{Zi} 为正值时，速度增量与 Z 方向同向，反之则反向。

由于卫星可以携带的燃料有限，因此只能提供有限的速度增量。例如，在单独调整 i 时，在 $u=0°$ 或 $u=180°$ 处施加冲量，若 $|\Delta v_{Z\max}|/v_c \leqslant 0.01$，则由式(5.38)第二式可知，$\Delta i$ 的调整范围只有 $\pm 0.57°$；在单独调整 Ω 时，由式(5.38)可知，其调整范围与 i 有关，且与 $\sin i$ 的取值成反比。例如：若 $i=70°$，则 $\Delta\Omega$ 的调整范围只有 $\pm 0.61°$。可见，对于一般的应用卫星，升交点赤经 Ω 和轨道倾角 i 的调整范围不大。

当同时存在 $\Delta\Omega$ 和 Δi 时，可以通过施加一次冲量对 Ω 和 i 同时进行调整。根据式(5.38)可确定发动机工作点的 u 值为

$$u = \arctan\left(\sin i \cdot \frac{\Delta\Omega}{\Delta i}\right) \tag{5.39}$$

代入式(5.38)可求得速度增量为

$$\Delta v_Z = \frac{\sqrt{\mu p}\,\Delta i}{r\cos\left[\arctan\left(\sin i \cdot \dfrac{\Delta\Omega}{\Delta i}\right)\right]} \tag{5.40}$$

5.3 轨道改变

当终轨道与初轨道相交(切)时，在交(切)点施加一次冲量即可使航天器由初轨道进入终轨道，这称为“轨道改变”。轨道改变分为共面轨道改变、轨道面改变和一般非共面轨道改变 3 种情况。

5.3.1 共面轨道改变

对于共面轨道改变问题，初轨道和终轨道具有相同的升交点赤经 Ω 和轨道倾角 i，则只

有 a,e,ω 和 τ 4 个轨道要素在轨道改变过程中发生变化。

如图 5.9 所示，在初轨道的轨道平面内，X 轴指向径向，Y 轴指向周向。设初轨道和终轨道的交点为 C，初轨道在 C 点的位置、速度大小和方向为 r_1,V_1 和 Θ_1，终轨道在 C 点的位置、速度大小和方向为 r_2,V_2 和 Θ_2，则 $r_1=r_2$。

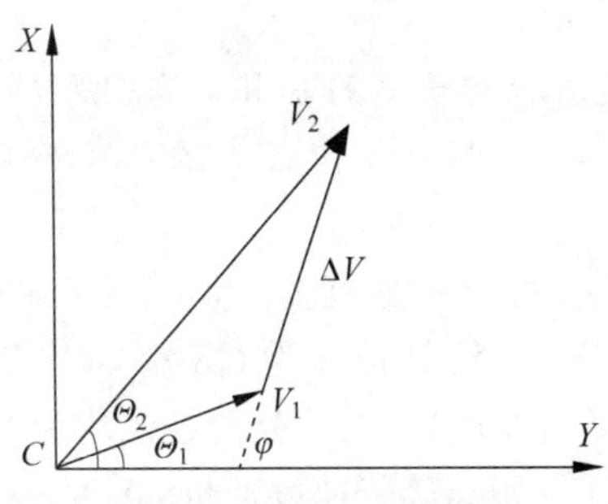

图 5.9　共面轨道改变

可见，速度增量在 O-XYZ 坐标系的 X 轴和 Y 轴方向上的分量为

$$\begin{cases}\Delta V_X=V_2\sin\Theta_2-V_1\sin\Theta_1\\ \Delta V_Y=V_2\cos\Theta_2-V_1\cos\Theta_1\end{cases}\tag{5.41}$$

则总速度增量为

$$\Delta V=V_1\left[1-2\frac{V_2}{V_1}\cos\Delta\Theta+\left(\frac{V_2}{V_1}\right)^2\right]^{\frac{1}{2}}\tag{5.42}$$

速度增量的方向为

$$\tan\varphi=\frac{\Delta V_X}{\Delta V_Y}=\frac{V_2\sin\Theta_2-V_1\sin\Theta_1}{V_2\cos\Theta_2-V_1\cos\Theta_1}\tag{5.43}$$

其中，ΔV 和 φ 分别为机动速度的大小和方向；$\Delta\Theta=\Theta_2-\Theta_1$ 为航迹角之差；下标 1 和 2 分别表示航天器的初轨道与终轨道。

根据终轨道在交点 C 的 r_2,V_2 和 Θ_2，可获得终轨道其他的轨道根数，具体求解为

$$\begin{cases}\nu_2=\dfrac{r_1V_2^2}{\mu}\\ a_2=\dfrac{r_1}{2-\nu_2}\\ e_2=\sqrt{1+\nu_2(\nu_2-2)\cos^2\Theta_2}\\ \tan f_2=\dfrac{\nu_2\cos\Theta_2\sin\Theta_2}{\nu_2\cos^2\Theta_2-1}\\ \tan\dfrac{E_2}{2}=\sqrt{\dfrac{1-e_2}{1+e_2}}\tan\dfrac{f_2}{2}\\ \tau_2=t-\sqrt{\dfrac{a_2^3}{\mu}}(e_2-e_2\sin E_2)\\ \omega_2=u_2-f_2=u_1-f_2\end{cases}\tag{5.44}$$

可见，当交点 C 确定后，已知 $a_2, e_2, \omega_2, \tau_2, V_2, \Theta_2$ 6 个参数中的任意两个都可以确定其余 4 个。

5.3.2 轨道面改变

只改变轨道面意味着终轨道与初轨道的 a 和 e 均相等，只对其 i 和 Ω 进行改变。设终轨道与初轨道二者轨道面有交点 C，那么其在 C 点的 r, V, Θ 对应相等，即 $r_1=r_2, V_1=V_2, \Theta_1=\Theta_2$。

设初轨道与终轨道之间的夹角为 ξ，速度 V_1 和 V_2 之间的夹角为 α，如图 5.10 所示。

已知初轨道的轨道面为 CXY_1，终轨道面为 CXY_2，CY_1Y_2 为水平面。将速度矢量 $\mathbf{V}_1$ 和 $\mathbf{V}_2$ 投影到平面 CY_1Y_2，在平面 CY_1Y_2 内的分量数值均为 $V\cos\Theta$。速度矢量 $\mathbf{V}_1$ 和 $\mathbf{V}_2$ 在平面 CY_1Y_2 内的投影垂足之间的距离等于速度冲量 ΔV 的数值大小，如图 5.11 所示。

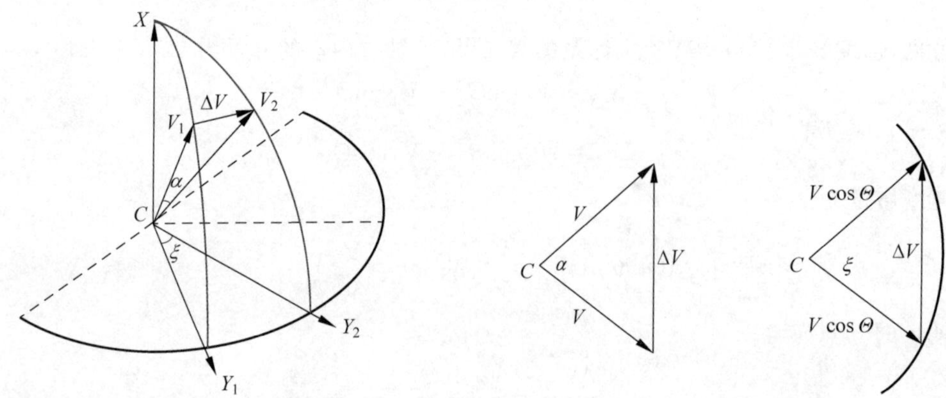

图 5.10 改变轨道面的变轨　　　　图 5.11 速度冲量三角关系

由图 5.11 左图可以得到速度增量为

$$\Delta V = 2V\sin\frac{\alpha}{2} \tag{5.45}$$

由图 5.11 右图可以得到速度增量为

$$\Delta V = 2V\cos\Theta\sin\frac{\xi}{2} \tag{5.46}$$

比较式(5.45)与式(5.46)可知

$$\sin\frac{\alpha}{2} = \cos\Theta\sin\frac{\xi}{2} \tag{5.47}$$

故在一般情况下，速度矢量夹角 α 与轨道面夹角 ξ 不等，只有在 $\Theta=0°$ 时，两者才相等。

如图 5.12 所示，设 N_1 和 N_2 分别为初轨道和终轨道的升交点，初轨道与终轨道的交点为 C，两轨道的夹角为 ξ。已知初轨道的参数，则可求取终轨道的具体轨道参数。

(1) 在交点 C 处，$a_1=a_2, e_1=e_2, r_1=r_2$。由于 $r=\dfrac{a(1-e^2)}{1+e\cos f}$，相应的 $f_1=f_2$，$E_1=E_2$。

(2) 根据开普勒方程 $n(t-\tau)=E-e\sin E$，得到 $\tau_2=\tau_1$。

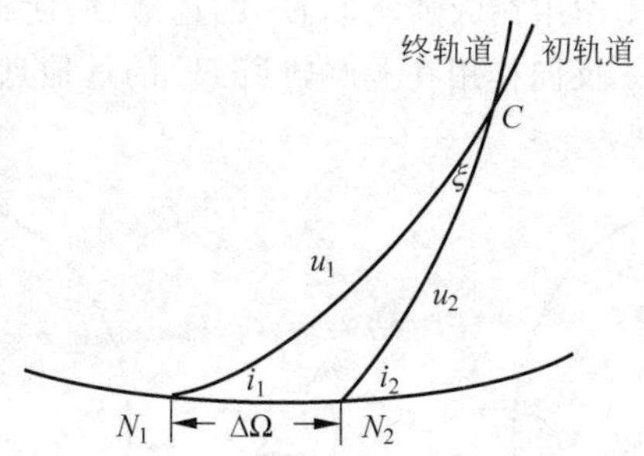

图 5.12 轨道夹角与轨道倾角

(3) 在球面三角形 CN_1N_2 中,有

$$\cos i_2=\cos i_1\cos\xi-\sin i_1\sin\xi\cos u_1 \tag{5.48}$$

$$\sin\Delta\Omega=\sin u_1\frac{\sin\xi}{\sin i_2} \tag{5.49}$$

$$\Delta\omega=u_2-u_1=\arcsin\frac{\sin i_1\sin u_1}{\sin i_2}-u_1 \tag{5.50}$$

$$\omega_2=\omega_1+\Delta\omega \tag{5.51}$$

可见,在改变轨道平面的变轨中,只有 ξ 参数是可以选择的,因而在 i_2,Ω_2,ω_2 这 3 个参数中,只能使得 1 个参数通过改变轨道面的变轨与预定值相等。对于给定的预定值,利用式(5.48)和式(5.49)可以求出 ξ,进而求取速度增量 ΔV。

若将变轨点选在 $u_1=0°$或 $u_1=180°$处,即变轨在升交点或降交点上进行,则根据式(5.48)和式(5.49)可知,$\Delta i=\pm\xi$ 且 $\Omega_2=\Omega_1$,即轨道倾角的改变量等于非共面角。其中,正号对应的变轨点为 $u_1=0°$,负号对应的变轨点为 $u_1=180°$,且升交点赤经不变。另外,若 ξ 为小量,可近似认为 $\cos\xi=1,\sin\xi=\xi$,当变轨点选在 $u_1=90°$或 $u_1=270°$时,$\Delta i=0,\Delta\omega=0$,即轨道倾角和近地点幅角不变。当 ξ 使得 Ω 的变化也为小量时,近似认为 $\sin\Delta\Omega=\Delta\Omega$,则根据式(5.49)有 $\Delta\Omega=\pm\dfrac{\xi}{\sin i_1}$,其中,正号对应于变轨点 $u_1=90°$,负号对应于变轨点 $u_1=270°$。

当 ξ 确定后,将 ΔV 向变轨点 C 处的轨道坐标系进行投影,则

$$\begin{cases}\Delta V_X=0\\ \Delta V_Y=-2V\cos\Theta\sin^2\dfrac{\xi}{2}\\ \Delta V_Z=V\cos\Theta\sin\xi\end{cases} \tag{5.52}$$

则描述速度增量方向的俯仰角 φ 和偏航角 ψ 为

$$\begin{cases}\varphi=\arctan\dfrac{\Delta V_X}{\Delta V_Y}\\ \psi=\arctan\dfrac{\Delta V_Z\cos\varphi}{\Delta V_Y}\end{cases}\Rightarrow\begin{cases}\varphi=0°\\ \psi=90°+\dfrac{\xi}{2}\end{cases} \tag{5.53}$$

当轨道速度 V 较大时,利用一次冲量进行轨道平面改变所需的速度增量较大,此时可以利用三冲量进行轨道平面改变,虽然其过程比较复杂,但是可以节省能量。

三冲量轨道面改变如图 5.13 所示,第一个冲量 ΔV_1 使初始圆轨道 C_1 变成同平面的椭

圆轨道 E_1；第二个冲量 ΔV_2 作用在椭圆轨道 E_1 的远地点，使轨道平面改变 ξ，轨道成为椭圆轨道 E_2；第三个冲量 ΔV_3 反向作用在椭圆轨道 E_2 的近地点，使轨道变成与初始轨道同半径的圆轨道 C_2。

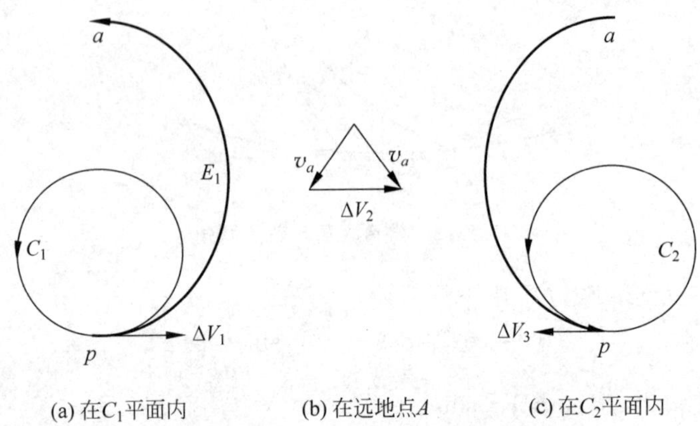

图 5.13　三脉冲轨道平面改变

设圆轨道的半径为 r_c，椭圆轨道近地点和远地点的距离分别为 r_p 和 r_a，则圆轨道速度 v_c 以及椭圆轨道的近地点速度 v_p 和远地点速度 v_a 分别为

$$\begin{cases} v_c = \sqrt{\dfrac{\mu}{r_c}} \\ v_p = \sqrt{2\mu \dfrac{r_a}{r_p(r_a + r_p)}} \\ v_a = \sqrt{2\mu \dfrac{r_p}{r_a(r_a + r_p)}} \end{cases} \tag{5.54}$$

则轨道平面改变所需的 3 个速度增量及总速度增量分别为

$$\begin{cases} \Delta V_1 = v_p - v_c \\ \Delta V_2 = 2v_a \sin(\xi/2) \\ \Delta V_3 = \Delta V_1 \\ \Delta V = \Delta V_1 + \Delta V_2 + \Delta V_3 \end{cases} \tag{5.55}$$

令 $\alpha = r_a/r_c$，则 $\alpha \geqslant 1$。根据式(5.55)中的各个表达式，可得无量纲特征速度为

$$\begin{aligned} \frac{\Delta V}{v_c} &= \frac{\Delta V_1 + \Delta V_2 + \Delta V_3}{v_c} = \frac{2\Delta V_1 + \Delta V_2}{v_c} \\ &= 2v \cdot \left[\sqrt{\frac{2\alpha}{\alpha+1}} - 1 + \sqrt{\frac{2.}{\alpha(\alpha+1)}} \sin\left(\frac{\xi}{2}\right)\right] \end{aligned} \tag{5.56}$$

因此，转移椭圆轨道的长半轴为

$$a = \frac{r_c(1+\alpha)}{2} \tag{5.57}$$

转移时间为

$$T = 2\pi \sqrt{\frac{a^3}{\mu}} \tag{5.58}$$

令$\frac{\partial \Delta V}{\partial \alpha}=0$，可求得使总速度增量$\Delta V$最小的$\alpha$值，即

$$\alpha^{*}=(2\alpha^{*}+1)\sin\left(\frac{\xi}{2}\right) \tag{5.59}$$

则

$$\frac{\Delta V^{*}}{v_c}=2\left(2\sqrt{2\sin\left(\frac{\xi}{2}\right)\cdot\left(1-\sin\left(\frac{\xi}{2}\right)\right)}-1\right)$$

即

$$\Delta V^{*}=2\sqrt{\frac{\mu}{r_c}}\left(2\sqrt{2\sin\left(\frac{\xi}{2}\right)\cdot\left(1-\sin\left(\frac{\xi}{2}\right)\right)}-1\right) \tag{5.60}$$

对圆轨道的单冲量轨道平面改变而言，由式(5.46)有

$$\Delta V=2V\cos\Theta\sin\frac{\xi}{2}=2V\sin\frac{\xi}{2}$$

当$\xi=38.94°$时，由式(5.59)可知$\alpha^{*}=1$，此时三冲量轨道平面改变的ΔV与单冲量轨道平面改变的ΔV相同，这是临界情况；当$\xi<38.94°$时，单冲量较有利；当$\xi>38.94°$时，三冲量较有利。图5.14为单冲量轨道平面改变和三冲量轨道平面改变所需速度增量的关系图。

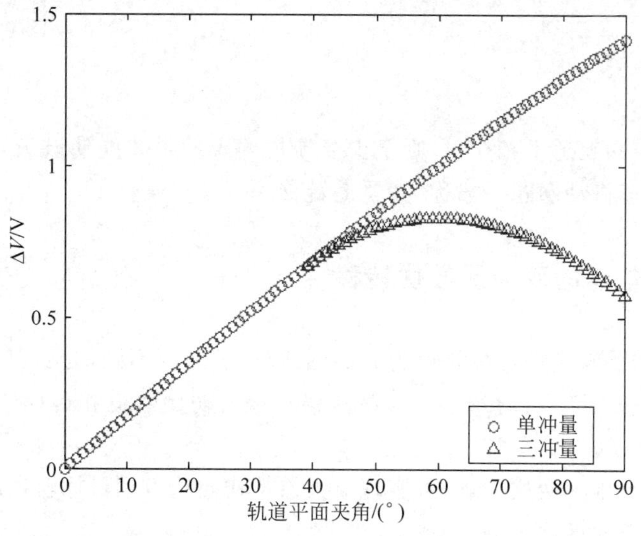

图5.14　单冲量轨道平面改变和三冲量轨道平面改变的比较

5.3.3　非共面轨道改变的一般情况

在一般情况下，非共面轨道改变的变轨只要求在初轨道与终轨道的交点C处满足$r_1=r_2=r$而$V_1\neq V_2$，$\Theta_1\neq\Theta_2$。因此，初轨道与终轨道的根数$a_1,e_1,i_1,\Omega_1,\omega_1,\tau_1$和$a_2,e_2,i_2,\Omega_2,\omega_2,\tau_2$均不相等。

为此，首先在终轨道面内引入一条中间轨道M，根据5.3.2节的轨道面改变方法，通过施加一次速度增量$\Delta\boldsymbol{V}_1=\boldsymbol{v}_M-\boldsymbol{V}_1$使其在交点$C$处满足$\boldsymbol{V}_1=\boldsymbol{v}_M$，$\Theta_1=\Theta_M$。然后，根据5.3.1节的共面轨道改变方法，通过在中间轨道面内再施加一次速度增量$\Delta\boldsymbol{V}_2=\boldsymbol{V}_2-\boldsymbol{v}_M$，

实现中间轨道向终轨道的改变。因此，非共面轨道的改变，实际上可以分解成 5.3.1 节与 5.3.2 节所述两种情况的组合，称为"混合机动"。此时，总的机动速度增量为二者的合成，即 $\Delta\boldsymbol{V}=\Delta\boldsymbol{V}_1+\Delta\boldsymbol{V}_2$。其中，$\Delta\boldsymbol{V}_1$ 为改变轨道平面所需的速度增量，$\Delta\boldsymbol{V}_2$ 为轨道面改变后在终轨道平面内进行共面轨道改变所需的速度增量。

综上所述，轨道改变任务可以确定终轨道上的部分轨道要素 $(i_2,\Omega_2,a_2,e_2,\tau_2,\omega_2)$，从而得到终轨道的 V_2,Θ_2,ξ。将 V_1 和 V_2 分别向初轨道交点 C 处的轨道坐标系投影，则可得

$$\begin{cases}\Delta V_X=V_2\sin\Theta_2-V_1\sin\Theta_1\\ \Delta V_Y=V_2\cos\Theta_2\cos\xi-V_1\cos\Theta_1\\ \Delta V_Z=V_2\cos\Theta_2\sin\xi\end{cases}\tag{5.61}$$

则 ΔV 的大小和方向可以由下式求得：

$$\begin{cases}\Delta V=\sqrt{\Delta V_X^2+\Delta V_Y^2+\Delta V_Z^2}\\ \varphi=\arctan\dfrac{\Delta V_X}{\Delta V_Y}\\ \psi=\arctan\dfrac{\Delta V_Z\cos\varphi}{\Delta V_Y}\end{cases}\tag{5.62}$$

5.4 轨道转移

当目标轨道与初轨道不相交时，则至少要施加两次冲量才能使航天器由初始轨道进入目标轨道，这种轨道机动问题一般称为"轨道转移"。

5.4.1 共面圆轨道的双冲量最优转移

设航天器的初始轨道和目标轨道为共面圆轨道，但高度不同，为实现从初始轨道到目标轨道的转移，选择任意一条转移轨道 T，该转移轨道与初始轨道和目标轨道分别交于 A，B 两点，如图 5.15 所示。

在 A 点和 B 点施加两次冲量，可实现航天器从初始轨道到目标轨道的机动。完成此次轨道机动，需要的总速度增量为

$$\Delta v=|\Delta v_A|+|\Delta v_B|\tag{5.63}$$

其中，Δv_A 和 Δv_B 分别为在 A 点和 B 点施加的两次冲量。

根据平面三角形余弦公式，有

$$\begin{cases}\Delta v_A^2=v_A^2+v_{TA}^2-2v_Av_{TA}\cos\theta_A\\ \Delta v_B^2=v_B^2+v_{TB}^2-2v_Bv_{TB}\cos\theta_B\end{cases}\tag{5.64}$$

其中，v_A 和 v_B 分别为 A 点和 B 点处初始轨道和目标轨道的速度矢量的大小；v_{TA} 和 v_{TB} 为 A 点和 B 点处转移轨道的速度矢量的大小；θ_A 和 θ_B 为速度矢量之间的夹角。

假设转移轨道的半通径和偏心率分别为 p 和 e，则根据活力公式可以得到转移轨道在 A 点和 B 点的速度矢量的大小，即

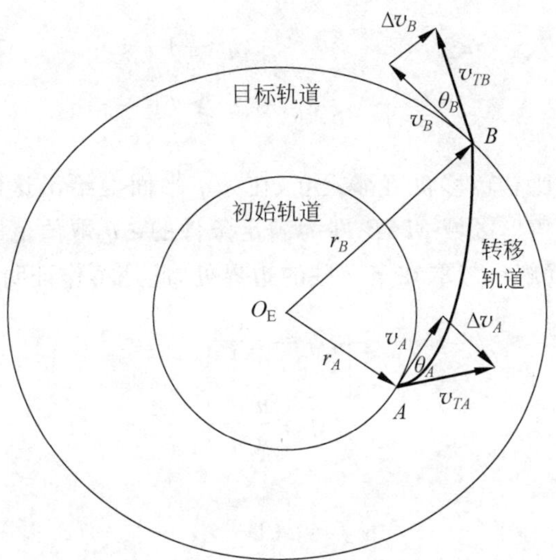

图 5.15　共面圆轨道转移示意图

$$\begin{cases} v_{TA}^2 = \mu\left(\dfrac{2}{r_A} - \dfrac{1}{a}\right) = \dfrac{\mu}{r_A}\left(2 - \dfrac{1-e^2}{q}\right) \\ v_{TB}^2 = \mu\left(\dfrac{2}{r_B} - \dfrac{1}{a}\right) = \dfrac{\mu}{r_B}\left(2 - \dfrac{(1-e^2)n}{q}\right) \end{cases} \tag{5.65}$$

其中,$q=p/r_A$,r_A 与 r_B 分别对应于初始轨道和目标轨道的半径；$n=r_B/r_A$。

又根据面积积分公式 $h=rv\cos\theta$,可得

$$\begin{cases} v_{TA}\cos\theta_A = \dfrac{\sqrt{\mu p}}{r_A} = \sqrt{\dfrac{\mu}{r_A}}\sqrt{q} \\ v_{TB}\cos\theta_B = \dfrac{\sqrt{\mu p}}{r_B} = \dfrac{1}{n}\sqrt{\dfrac{\mu}{r_A}}\sqrt{q} \end{cases} \tag{5.66}$$

根据式(5.64)～式(5.66),可得

$$\begin{cases} \Delta v_A = v_A\sqrt{3 - 2\sqrt{q} - \dfrac{1-e^2}{q}} \\ \Delta v_B = v_A\sqrt{\dfrac{1}{n}\left(3 - 2\sqrt{\dfrac{q}{n}}\right) - \dfrac{1}{q}(1-e^2)} \end{cases} \tag{5.67}$$

因此,可以得到

$$\Delta v = |\Delta v_A| + |\Delta v_B| = f(q,e) \tag{5.68}$$

求解 Δv 的最小值,首先需要分析式(5.68)中函数表达式的定义域,即 q 和 e 的取值范围。由于转移轨道只在 A,B 两点施加脉冲推力,因此该转移轨道为自由轨道,其运行轨迹满足圆锥曲线方程,因此,偏心率 $e>0$。

下面,分析 q 的取值范围。由轨道方程可知：

$$1-e \leqslant \frac{p}{r} = 1 + e\cos f \leqslant 1+e \tag{5.69}$$

在向外转移时,有 $r_B > r_A$,因此

$$\begin{cases}\dfrac{p}{r_A}\leqslant 1+e\\[2mm]\dfrac{p}{r_B}\geqslant 1-e\end{cases}\Rightarrow\begin{cases}q\leqslant 1+e\\ q\geqslant(1-e)n\end{cases}\tag{5.70}$$

上述两个不等式对所有转移轨道都成立，在 e-q 平面上给出这两个不等式对应的取值范围如图 5.16 所示，三角形区域 MAB 即为满足条件的 e-q 取值范围。

根据经验，方程最优解一般取在定义域的边界处，此处不作证明。交点 M 处的坐标为

$$\begin{cases}q_M=\dfrac{2n}{n+1}\\[2mm]e_M=\dfrac{n-1}{n+1}\end{cases}\tag{5.71}$$

进行转换后，可以得到

$$\begin{cases}r_A=a(1-e)\\ r_B=a(1+e)\end{cases}\tag{5.72}$$

式(5.72)说明，当 A 点和 B 点分别为转移轨道的远地点和近地点时，该转移轨道为最佳转移轨道。即转移轨道与初轨道和终轨道都相切，如图 5.17 所示。

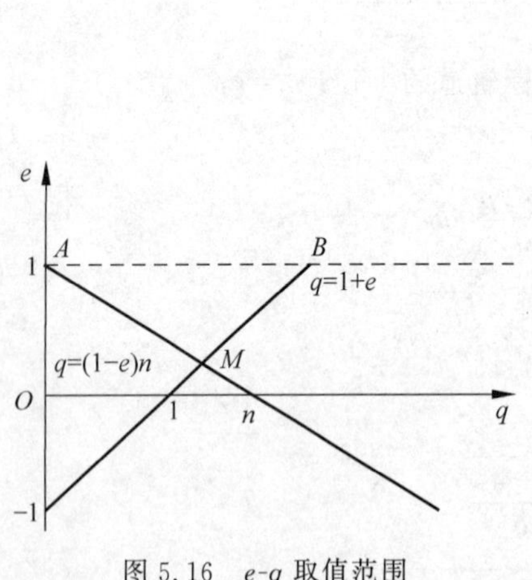

图 5.16　e-q 取值范围

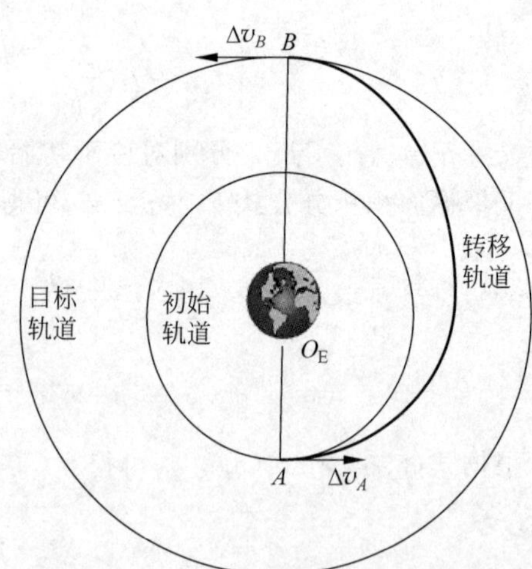

图 5.17　共面圆轨道的双冲量最优转移

其实，霍曼(Hohmann)早在 1925 年就提出了这种假设，因此上述共面圆轨道的双冲量最优转移轨道也称为“霍曼转移轨道”(Hohmann transfer orbit)。数学证明则由巴拉尔(Barrar)于 1963 年给出。

在霍曼轨道转移中，施加的两次速度增量的大小为

$$\begin{cases}\Delta v_A=\sqrt{2\mu\dfrac{r_B}{r_A(r_A+r_B)}}-\sqrt{\dfrac{\mu}{r_A}}\\[3mm]\Delta v_B=\sqrt{\dfrac{\mu}{r_B}}-\sqrt{2\mu\dfrac{r_A}{r_B(r_A+r_B)}}\end{cases}\tag{5.73}$$

而完成整个机动的时间等于转移轨道的半个周期，即

$$\Delta t = \frac{\pi}{\sqrt{\mu}}\left(\frac{r_1 + r_2}{2}\right)^{\frac{3}{2}} \tag{5.74}$$

5.4.2 共面椭圆轨道的双冲量最优转移

航天器的初始轨道和目标轨道为共面椭圆轨道，初始轨道的半通径和偏心率分别为 p_1, e_1，目标轨道的半通径和偏心率分别为 p_2, e_2；两轨道拱线的夹角为 $\Delta\omega$；任选一条转移轨道 T，转移轨道与初始轨道和目标轨道分别交于 A，B 两点，如图 5.18 所示。

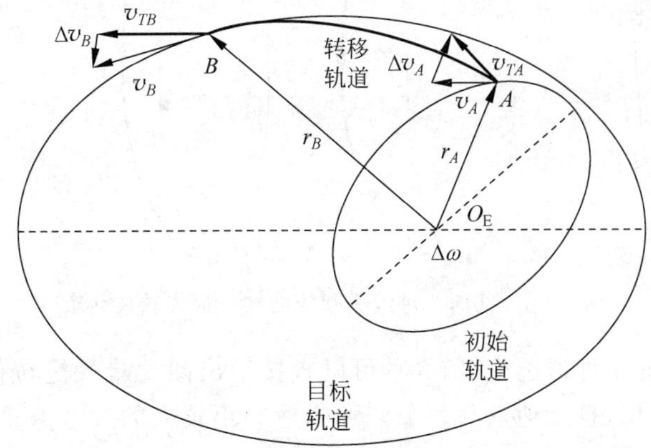

图 5.18　共面椭圆轨道转移示意图

假设转移轨道的半通径和偏心率分别为 p 和 e，则根据活力公式，可以获得转移轨道在 A 点和 B 点的速度大小，即

$$\begin{cases} v_{TA}^2 = \mu\left(\dfrac{2}{r_A} - \dfrac{1}{a}\right) = \dfrac{\mu}{r_A}\left(2 - \dfrac{1-e^2}{q}\right) \\ v_{TB}^2 = \mu\left(\dfrac{2}{r_B} - \dfrac{1}{a}\right) = \dfrac{\mu}{r_B}\left(2 - \dfrac{(1-e^2)n}{q}\right) \end{cases} \tag{5.75}$$

v_A 和 v_{TA} 之间的夹角 θ_A 对应初始轨道和转移轨道速度倾角之差。图 5.19 给出的是以 A 点为坐标原点的轨道坐标系。其中，r_A 轴对应 A 点瞬时地心矢径方向的反方向(地心指向 A 点的方向为正)，Y_A 轴在轨道平面内垂直于 r_A 轴，与速度方向同向为正。

由图可知：

$$\theta_A = \Theta_{TA} - \Theta_A \tag{5.76}$$

其中，Θ_{TA} 为转移轨道速度矢量与位置矢量的夹角的余角，可用面积积分公式获得。

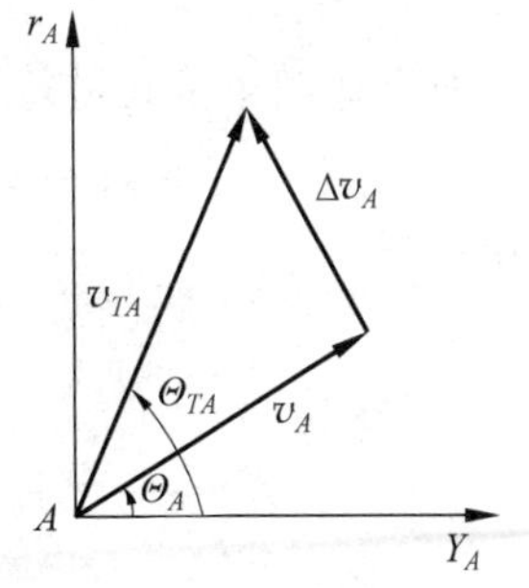

图 5.19　A 点处的速度增量

同理，v_B 和 v_{TB} 之间的夹角 θ_B 也可获得。此时，同样可以获得自变量为 p 和 e 的速度增量方程。这个方程并没有一般意义上的解析解，因此，后来的研究主要集中于一些特殊问题，典型的如初始轨道和目标轨道拱线相同的情况、转移点固定的情况。

(1) 初始轨道和目标轨道拱线相同的情况

当初始轨道和目标轨道拱线相同时，可以推导获得具有解析解的双冲量最优转移轨道。具体来说，按照两个椭圆轨道是否相交、近地点的方向是否一致，可以将这种双椭圆共拱线的情况分为图 5.20 所示的 4 种。

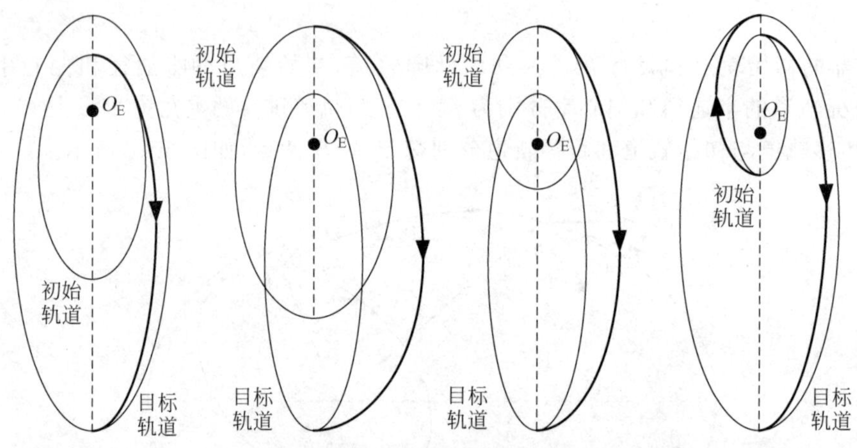

图 5.20 共面共拱线椭圆的两冲量最优转移轨道

在图 5.20 所示的 4 种情况中，前 3 种可以直接给出两冲量最优转移轨道，该转移轨道与两个椭圆轨道均相切，且远地点与两个椭圆中地心距较大的远地点重合。在第 4 种情况中，图 5.20 给出的两个转移轨道都可能为最优转移轨道，要根据两个轨道的具体参数，即长半轴和偏心率来确定。

值得注意的是，图 5.20 中为了便于理解，标出了初始轨道和目标轨道，事实上如果将初始轨道和目标轨道置换，只要将转移轨道的方向改变，最优转移轨道同样适用。转移具体需要的速度增量，利用上文的公式很容易计算获得，这里不再赘述。

(2) 转移点固定的情况

若图 5.18 中的 A，B 两点固定，则转移轨道的半通径 p 和偏心率 e 之间具有一定的关系。设 A 点对应的真近点角为 f_A，A 和 B 两点地心矢径之间的夹角为 Δf，则有

$$\begin{cases} r_A = \dfrac{p}{1+e\cos f_A} \\ r_B = \dfrac{p}{1+e\cos f_B} = \dfrac{p}{1+e\cos(f_A+\Delta f)} \end{cases} \tag{5.77}$$

对上述两个公式进行变形，消掉 f_A，令 $q=p/r_A$，$n=r_B/r_A$，可以得到

$$e^2 = c_2 q^2 + c_1 q + c_0 \tag{5.78}$$

其中，

$$\begin{cases} c_2 = \left(1-\dfrac{2\cos\Delta f}{n}+\dfrac{1}{n^2}\right)\csc^2\Delta f \\ c_1 = -\left(1+\dfrac{1}{n}\right)\sec^2\dfrac{\Delta f}{2} \\ c_0 = \sec^2\dfrac{\Delta f}{2} \end{cases} \tag{5.79}$$

将式(5.77)代入速度增量方程,可知

$$\Delta v = |\Delta v_A| + |\Delta v_B| = f(q) \tag{5.80}$$

对 q 求导等于零,即可获得该种情况下的最省能量两冲量转移轨道。

5.4.3 非共面圆轨道的双冲量转移

设有航天器的初始轨道和目标轨道不共面的圆轨道,两个轨道平面之间的夹角为 ξ。设转移轨道与初始轨道和目标轨道分别交于 A,B 两点,如图 5.21 所示。

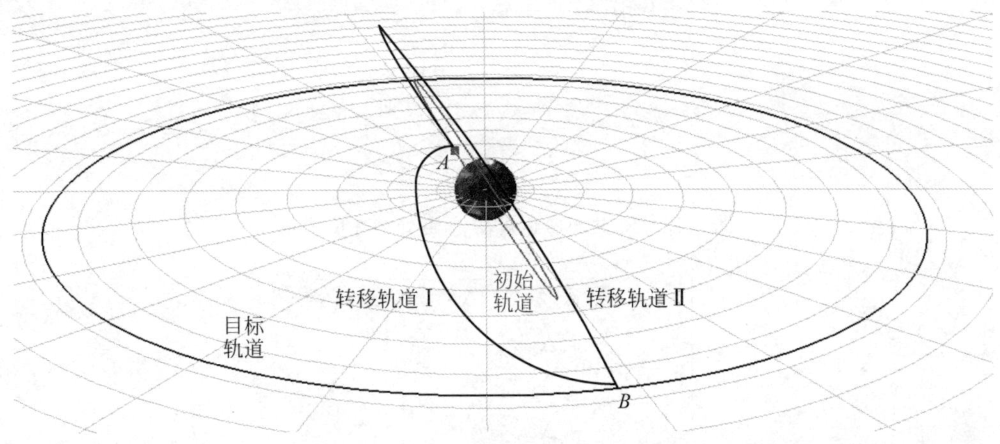

图 5.21 非共面圆轨道的两冲量转移

图 5.21 给出了两种典型的转移轨道,其中:

- 转移轨道Ⅰ:在 A 点施加第一次冲量,在改变轨道平面的同时,增大速度,使转移轨道的远地点与目标轨道相切于 B 点,在 B 点处施加第二次冲量;
- 转移轨道Ⅱ:在 A 点施加第一次冲量,使圆轨道变成椭圆(不改变轨道平面),使转移轨道的远地点与目标轨道相切于 B 点,在 B 点处施加第二次冲量,在改变轨道平面的同时,又使椭圆轨道变成大圆轨道。

转移轨道Ⅰ和转移轨道Ⅱ都与初始轨道和目标轨道相切,因此两条转移轨道的长半轴为 $a=(r_A+r_B)/2$,偏心率均为 $e=1-r_A/a$。根据活力公式,两条转移轨道在 A 点和 B 点的速度矢量的大小相等,设为 v_{TA},v_{TB};同样,根据面积积分公式可知两条转移轨道在 A 点和 B 点处的速度倾角相等,设为 Θ_{TA},Θ_{TB}。以 A 点为例,计算在该点处施加的速度增量 Δv_A。首先以 A 点为坐标原点作轨道坐标系(图 5.22),其中,r_A 轴对应 A 点瞬时地心矢径方向的反方向(地心指向 A 点的方向为正),Y_A 轴在轨道平面内垂直于 r_A 轴,与速度方向同向为正。

基于矢量计算,可以得到 Δv_A 在初始轨道坐标系中的分量为

$$\begin{cases}\Delta v_{AX} = v_{TA}\sin\Theta_{TA} - v_A\sin\Theta_A \\ \Delta v_{AY} = v_{TA}\cos\Theta_{TA}\cos\xi - v_A\cos\Theta_A \\ \Delta v_{AZ} = v_{TA}\cos\Theta_{TA}\sin\xi\end{cases} \tag{5.81}$$

则 Δv_A 的大小和方向可以由下式求得

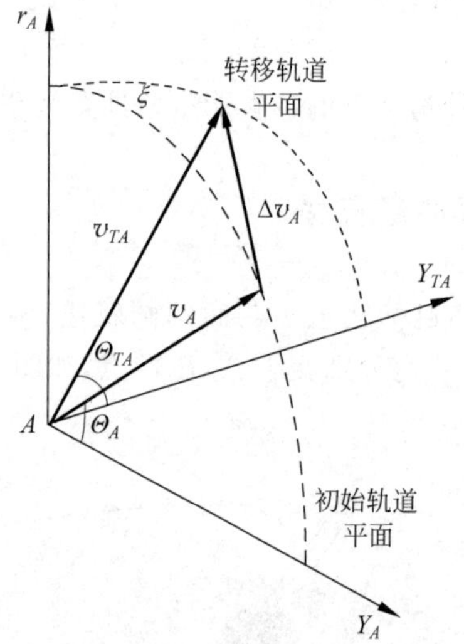

图 5.22　非共面轨道机动 A 点处的速度增量

$$\begin{cases}\Delta v_A = \sqrt{\Delta v_{AX}^2 + \Delta v_{AY}^2 + \Delta v_{AZ}^2} \\ \varphi = \arctan \dfrac{\Delta v_{AX}}{\Delta v_{AY}} \\ \psi = \arctan \dfrac{\Delta v_{AZ} \cos\varphi}{\Delta v_{AY}}\end{cases} \tag{5.82}$$

5.4.4　地球静止轨道卫星的发射

由于受航天器发射场所在地理纬度的限制，地球静止轨道卫星很难直接发射入轨。发射时，一般首先将其送入轨道高度为 200～400km 的停泊轨道；在接近赤道上空时，上面级火箭点火，熄火后卫星与火箭末级分离，卫星在赤道上空进入大椭圆转移轨道，且要求大椭圆转移轨道的近地点和远地点均在赤道上空，通常近地点的高度就是入轨点的高度，远地点的高度为地球静止轨道的高度；在大椭圆转移轨道的远地点，卫星上的远地点发动机点火，将卫星最终送入地球静止轨道(图 5.23)。

举例：假设某地球静止轨道卫星发射，停泊轨道为高度为 200km 的圆轨道，轨道倾角为 20°，试计算卫星从停泊轨道转移到地球静止轨道需要的速度增量。

计算在 A 点应该施加的速度冲量。停泊轨道在 A 点的速度为

$$v_1 = \sqrt{\mu / r_1} = 7.78\text{km/s}, \quad \text{其中}, r_1 = 6378 + 200 = 6578\text{km}$$

过渡轨道的长半轴为

$$a = R_E + \frac{1}{2}(h_1 + h_2) = 6378 + \frac{1}{2}(200 + 36\,000) = 24478\text{km}$$

过渡轨道在 A 点的速度为

$$v_{T1} = \sqrt{\frac{2\mu}{r_1} - \frac{\mu}{a}} = 10.24\text{km/s}$$

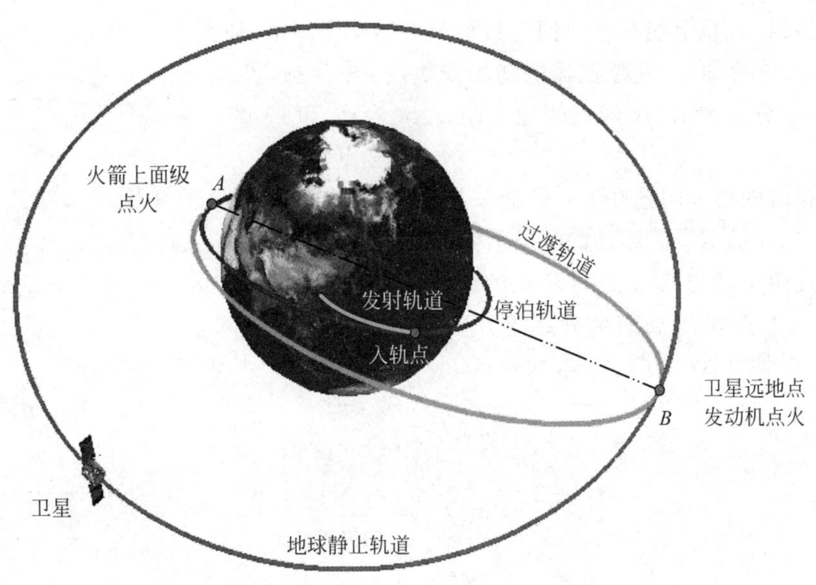

图 5.23 地球静止卫星发射过程示意图

由于 A 点 v_{T1} 和 v_1 的速度方向相同，则

$$\Delta v_1 = v_{T1} - v_1 = 10.24 - 7.78 = 2.46\text{km/s}$$

在过渡轨道的远地点 B 施加第二次速度增量，同时改变轨道平面和轨道的大小，B 点需要施加的速度增量如图 5.24 所示。

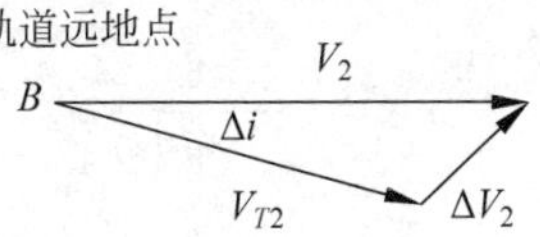

转移轨道远地点
B
V_2
Δi
V_{T2}
ΔV_2

图 5.24 B 点需要施加的速度增量

过渡轨道在 B 点的速度为

$$v_{T2} = \sqrt{\frac{2\mu}{r_2} - \frac{\mu}{a}} = 1.59\text{km/s}$$

目标轨道即地球静止轨道在 B 点的速度为

$$v_2 = \sqrt{\frac{\mu}{r_2}} = 3.07\text{km/s}$$

由图 5.24 可以得到 B 点处施加的速度增量的大小为

$$\Delta v_2 = v_2^2 + v_{T2}^2 - 2 v_2 v_{T2} \cos\Delta i = 1.66\text{km/s}$$

因此，完成此次轨道机动，需要的总速度增量为

$$\Delta v = \Delta v_1 + \Delta v_2 = 4.12\text{km/s}$$

5.5 轨道拦截

5.5.1 轨道拦截的概念

对于两个相同或不同轨道上的航天器，如果要使它们在某指定点交会在一起，且具有一定的速度差，就称为"轨道拦截问题"。

轨道拦截与轨道改变问题的相同之处在于通过施加一次冲量完成变轨，不同之处在于轨道改变问题中的初、终轨道都是给定的，而在轨道拦截问题中，拦截轨道（即终轨道）是待定的，只希望拦截轨道能与空间预定目标航天器交会即可，如图 5.25 所示。

由图 5.25 可知，A 为拦截器的初始变轨点；B 为预定拦截点；$\boldsymbol{r}_1,\boldsymbol{r}_2$ 分别为 A,B 两点的地心距；Δf 为 $\boldsymbol{r}_1$ 和 $\boldsymbol{r}_2$ 的夹角。

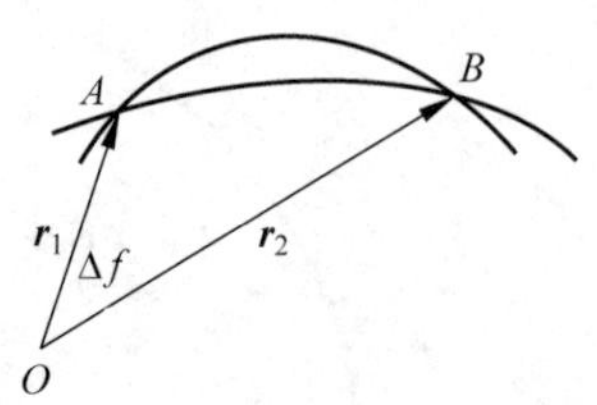

图 5.25　通过两空间点的轨道簇

轨道拦截的根本问题在于：确定一个通过 $\boldsymbol{r}_1,\boldsymbol{r}_2$ 的圆锥曲线(轨道)，并确定所需施加的 Δv。

设通过两个已知点 A 点和 B 点的椭圆轨道半通径为 p、偏心率为 e，A 点和 B 点的真近点角分别为 f_1 和 f_2，则 $\boldsymbol{r}_1$ 和 $\boldsymbol{r}_2$ 的夹角即为 $\Delta f=f_2-f_1$，且

$$\begin{cases}\cos\Delta f=\dfrac{\boldsymbol{r}_1\cdot\boldsymbol{r}_2}{r_1\cdot r_2}\\[2ex]\sin\Delta f=\dfrac{|\boldsymbol{r}_1\times\boldsymbol{r}_2|}{r_1\cdot r_2}\end{cases}$$

因此有

$$\Delta f=\arctan\frac{|\boldsymbol{r}_1\times\boldsymbol{r}_2|}{\boldsymbol{r}_1\cdot\boldsymbol{r}_2}\tag{5.83}$$

由于圆锥曲线的半通径满足条件：

$$r=\frac{p}{1+e\cos f}$$

故

$$\begin{cases}r_1=\dfrac{p}{1+e\cos f_1}\\[2ex]r_2=\dfrac{p}{1+e\cos f_2}=\dfrac{p}{1+e\cos(f_1+\Delta f)}=\dfrac{p}{1+e\cos f_1\cos\Delta f-e\sin f_1\sin\Delta f}\end{cases}\tag{5.84}$$

上述两式含有 p,e,f_1 3 个参数，因此过两已知点的椭圆不唯一，而是存在椭圆簇。

为了便于分析，先要消去 f_1，求得 e 与 p 的关系式。利用三角恒等变换，可得

$$\begin{aligned}\cos^2 f_2&=\cos^2(f_1+\Delta f)\\&=(\cos f_1\cos\Delta f-\sin f_1\sin\Delta f)^2\\&=\cos^2 f_1\cos^2\Delta f+\sin^2 f_1\sin^2\Delta f-2\sin f_1\cos f_1\sin\Delta f\cos\Delta f\end{aligned}$$

将上式右端加减 $\cos^2\Delta f\cos^2 f_1$，整理后可得

$$\begin{aligned}\cos^2 f_2=&2\cos f_1\cos\Delta f(\cos f_1\cos\Delta f-\sin f_1\sin\Delta f)+\\&\sin^2 f_1\sin^2\Delta f-\cos^2 f_1\cos^2\Delta f\end{aligned}\tag{5.85}$$

将式(5.84)的第一式中的 $\cos f_1$ 和第二式中的 $\cos f_2$ 代入式(5.85)，然后两端同乘以 $e^2r_1^2r_2^2$，即可消去 f_1 和 f_2，求得 e 与 p 的关系式。

为了得到无量纲化的表达式，令

$$\begin{cases}q=\dfrac{p}{r_1}\\[2ex]m=\dfrac{r_2}{r_1}\end{cases}\tag{5.86}$$

因此，e 与 p 的关系式为

$$e^2 = c_2 q^2 + c_1 q + c_0 \tag{5.87}$$

其中，c_2, c_1, c_0 为常数，其表达式为

$$\begin{cases} c_2 = \left(1 - \dfrac{2\cos\Delta f}{m} + \dfrac{1}{m^2}\right)\csc^2\Delta f \\ c_1 = -\left(1 + \dfrac{1}{m}\right)\sec^2\dfrac{\Delta f}{2} \\ c_0 = \sec^2\dfrac{\Delta f}{2} \end{cases} \tag{5.88}$$

易知，c_2, c_1, c_0 均为已知量 $\boldsymbol{r}_1, \boldsymbol{r}_2$ 的函数。为了唯一确定半通经 p 和偏心率 e，还需附加一个条件——拦截轨道才能完全确定。附加条件可根据实际轨道拦截的要求确定，例如拦截过程能量最省、拦截时间固定等。

5.5.2 最小能量轨道拦截

最小能量拦截是指连接拦截航天器（简称"拦截器"）和目标航天器的轨道簇中满足 $\Delta v = \Delta v_{\min}$ 的轨道，即通过施加一次冲量 Δv 使初轨道上的拦截器改变轨道，以最小能量沿终轨道（拦截轨道）到达目标点，即空间预定位置（图 5.26）。

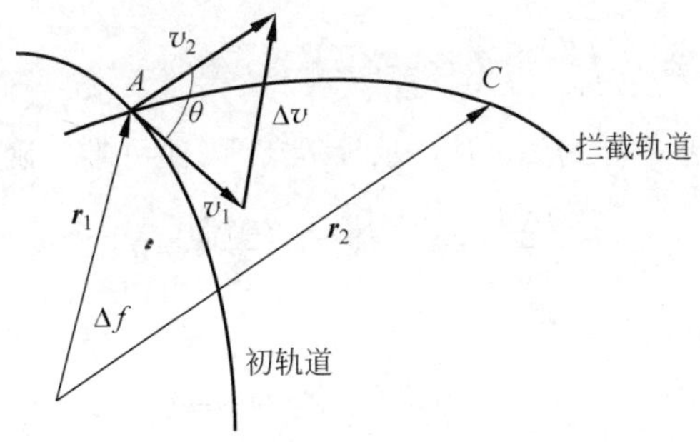

图 5.26 最小能量轨道拦截

- Δv 的确定

根据平面三角形余弦定理，拦截需要的速度增量为

$$\Delta v^2 = v_1^2 + v_2^2 - 2v_1 v_2 \cos\theta \tag{5.89}$$

其中，v_1 已知，v_2 可根据活力公式求得，即

$$\begin{cases} v_2^2 = \mu\left(\dfrac{2}{r_1} - \dfrac{1}{a}\right) \\ p = a(1 - e^2) \end{cases} \tag{5.90}$$

v_1 与 v_2 之间的夹角 θ 可根据球面三角形公式求得。以 A 为天球中心，沿着 r_1, v_1, v_2 3 个方向找到天球上的 3 个点，可作球面三角形 MPN，如图 5.27 所示。

在该球面三角形中，θ_1 和 ξ 已知，θ_2 可根据面积积分公式获得。因此，可得

$$\cos\theta = \cos\theta_1\cos\theta_2 + \sin\theta_1\sin\theta_2\cos\xi = f_2(p, e) \tag{5.91}$$

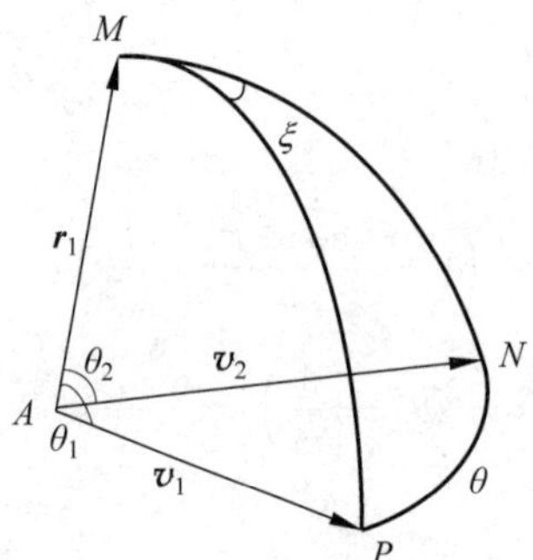

图 5.27　球面三角形 MPN

因此，可得 Δv 关于 p,e 的函数式：

$$\Delta v^2 = v_1^2 + v_2^2 - 2v_1 v_2 \cos\theta = \Delta v^2(p,e) \tag{5.92}$$

要使 Δv 取得最小值，首先对式(5.84)～式(5.88)进行变换，将 Δv 变成 q 的函数，即

$$\begin{aligned}\Delta v^2 &= v_1^2 + v_2^2 - 2v_1 v_2 \cos\theta \\ &= v_1^2 + \frac{\mu}{r_1}\left(2 + c_1 + c_2 q + \frac{c_0 - 1}{q}\right) - \\ &\quad 2v_1\sqrt{\frac{\mu}{r_1}}\cos\theta_1\sqrt{(c_2-1)q + 2 + c_1 + \frac{c_0-1}{q}} - \\ &\quad 2v_1\sqrt{\frac{\mu}{r_1}}\sin\theta_1\cos\xi\sqrt{q} = \Delta v^2(q)\end{aligned} \tag{5.93}$$

使 $\Delta v = \Delta v_{\min}$ 的必要条件为 Δv 对 q 求导等于零，便可唯一确定 q，即

$$\frac{\partial \Delta v}{\partial q} = 0 \quad 或 \quad \frac{\partial \Delta v^2}{\partial q} = 0$$

当初轨道为圆轨道时，有

$$v_A = \sqrt{\mu / r_A}, \quad \Theta_A = 0°$$

则

$$\Delta v = v_1\sqrt{3 + c_1 + c_2 q + \frac{c_0 - 1}{q} - 2\sqrt{q}\cos\xi} \tag{5.94}$$

由 $\frac{\partial \Delta v}{\partial q} = 0$，得到

$$c_2 - \frac{c_0 - 1}{q^2} - \frac{\cos\xi}{\sqrt{q}} = 0 \tag{5.95}$$

将求解的结果代入圆锥曲线方程，就可以得到拦截轨道的具体参数。

5.5.3　固定时间轨道拦截

1. 固定时间轨道拦截的含义

设已知点 1 和点 2 的矢径分别为 $\boldsymbol{r}_1$ 和 $\boldsymbol{r}_2$，通过此两点存在无数条椭圆轨道。固定时间

拦截轨道的附加条件就是飞经点 1 和点 2 两个空间已知点的时间 Δt 为定值。

根据开普勒方程，可得

$$\begin{cases} E_1 - e\sin E_1 = n(t_1 - \tau) \\ E_2 - e\sin E_2 = n(t_2 - \tau) \end{cases} \tag{5.96}$$

其中，n 为拦截轨道的平均角速度；e 为拦截轨道的偏心率；τ 为拦截轨道的近地点时刻；E_1 和 E_2 分别为两点在拦截轨道上的偏近点角；t_1 和 t_2 分别为拦截器沿拦截轨道通过点 1 和点 2 的时刻。将式(5.94)中的两式相减，可以得到

$$(E_1 - e\sin E_1) - (E_2 - e\sin E_2) = n\Delta t \tag{5.97}$$

因此，可以得到

$$\Delta t = \sqrt{a^3/\mu}\,[(E_1 - e\sin E_1) - (E_2 - e\sin E_2)] = f(p, e, f_1) \tag{5.98}$$

则

$$\begin{cases} r_1 = \dfrac{p}{1 + e\cos f_1} \\ r_2 = \dfrac{p}{1 + e\cos f_2} = \dfrac{p}{1 + e\cos(f_1 + \Delta f)} \\ \Delta t = f(p, e, f_1) \end{cases} \tag{5.99}$$

对上述 3 个方程联立求解，就可以获得固定时间拦截轨道的具体参数。

2. 兰伯特问题的描述

通常求解固定时间拦截轨道的问题又称为“兰伯特问题”(Lambert problem)。也就是说，兰伯特问题的实质就是已知两点 P_1, P_2 的位置矢量 $\boldsymbol{r}_1, \boldsymbol{r}_2$ 及飞行时间 Δt，求两点之间轨道参数的两点边值问题，又称“高斯问题”(Gauss problem)。图 5.28 为兰伯特问题的示意图。

设通过 P_1 和 P_2 的轨道半通径为 p，偏心率为 e；P_1 和 P_2 的真近点角分别为 f_1 和 f_2，有 $f_2 = f_1 + \Delta f$，则根据圆锥曲线方程，有

$$\begin{cases} r_1 = \dfrac{p}{1 + e\cos f_1} \\ r_2 = \dfrac{p}{1 + e\cos f_2} = \dfrac{p}{1 + e\cos(f_1 + \Delta f)} \end{cases} \tag{5.100}$$

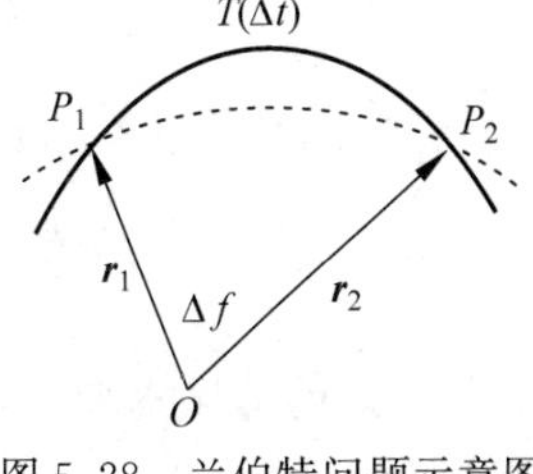

图 5.28　兰伯特问题示意图

上述两式含有 p, e, f_1 3 个参数，因此过两个已知点的轨道不唯一，存在圆锥曲线簇。

设通过 P_1 和 P_2 的轨道为椭圆轨道，且飞经 P_1 和 P_2 两个空间点的时间为 Δt，则根据开普勒方程有

$$(E_2 - e\sin E_2) - (E_1 - e\sin E_1) = n\Delta t \tag{5.101}$$

其中，$n = \sqrt{\mu/a^3}$ 为轨道平均运行角速度；e 为偏心率；E_1, E_2 分别为 P_1, P_2 对应的偏近点角。由于 E_1, E_2 与 f_1, f_2 具有一一对应关系，因此，将式(5.100)与式(5.101)联立求解，可以获得唯一的轨道。

同理，若通过 P_1 和 P_2 的轨道为抛物线和双曲线，也可采用类似的方式进行求解。

3. **基本变换公式**

在兰伯特问题的数学描述中涉及一些非线性方程，使得兰伯特问题很难直接求解，下文将主要介绍兰伯特问题求解中的一些数学变换。

(1) E_2+E_1 的 a 和 $\Delta E(\Delta E=E_2-E_1)$ 表述

根据偏近点角的定义，可知轨道上某一点的 E 与 f 满足如下关系：

$$r\cos f=a(\cos E-e) \tag{5.102}$$

对上式进行变换，可得

$$\begin{cases}2r\cos^2(f/2)=r+a(\cos E-e)\\2r\sin^2(f/2)=r-a(\cos E-e)\end{cases} \tag{5.103}$$

将圆锥曲线方程 $r=a(1-e\cos E)$ 代入式(5.103)，并进行变换可得

$$\begin{cases}\sqrt{r}\cos(f/2)=\sqrt{a(1-e)}\cos(E/2)\\\sqrt{r}\sin(f/2)=\sqrt{a(1+e)}\sin(E/2)\end{cases} \tag{5.104}$$

基于上述公式，可以用 Δf，ΔE 将 E_2+E_1 表示出来，即

$$\cos\left(\frac{E_2+E_1}{2}\right)=\frac{1}{e}\left[\cos\frac{\Delta E}{2}-\frac{\sqrt{r_1r_2}}{a}\cos\frac{\Delta f}{2}\right] \tag{5.105}$$

(2) a 的 ΔE 表述

已知

$$\begin{cases}r_1/a=1-e\cos E_1\\r_2/a=1-e\cos E_2\end{cases} \tag{5.106}$$

将上述两式相加，可得

$$\frac{r_1+r_2}{a}=2\left[1-e\cos\left(\frac{E_2+E_1}{2}\right)\cos\left(\frac{\Delta E}{2}\right)\right] \tag{5.107}$$

将式(5.105)代入式(5.107)，可得

$$\frac{1}{a}=\frac{2\sin^2(\Delta E/2)}{r_1+r_2-2\sqrt{r_1r_2}\cos(\Delta f/2)\cos(\Delta E/2)} \tag{5.108}$$

(3) p 的 ΔE 表述

已知

$$\begin{cases}p/r_1=1+e\cos f_1\\p/r_2=1+e\cos f_2\end{cases} \tag{5.109}$$

将上述两式相加，可得

$$\frac{r_1+r_2}{r_1r_2}p=2\left[1+e\cos\left(\frac{f_1+f_2}{2}\right)\cos\left(\frac{\Delta f}{2}\right)\right] \tag{5.110}$$

基于式(5.104)，可以得到

$$e\cos\left(\frac{f_2+f_1}{2}\right)=\frac{p}{\sqrt{r_1r_2}}\cos\frac{\Delta E}{2}-\cos\frac{\Delta f}{2} \tag{5.111}$$

将式(5.111)代入式(5.110)，可得

$$p=\frac{2r_1r_2\sin^2(\Delta f/2)}{r_1+r_2-2\sqrt{r_1r_2}\cos(\Delta f/2)\cos(\Delta E/2)} \tag{5.112}$$

(4) Δt 的 ΔE 表述

根据式(5.101),可得

$$\Delta t=\sqrt{a^3/\mu}\,[\Delta E-e(\sin E_2-\sin E_1)] \tag{5.113}$$

变换可得

$$\Delta t=2\sqrt{a^3/\mu}\left[\frac{\Delta E}{2}-e\sin\left(\frac{\Delta E}{2}\right)\cos\left(\frac{E_1+E_2}{2}\right)\right] \tag{5.114}$$

将式(5.105)代入上式,可以得到

$$\sqrt{\mu/a^3}\,\Delta t=\Delta E-\sin\Delta E+\frac{2\sqrt{r_1r_2}\sin(\Delta E/2)\cos(\Delta f/2)}{a} \tag{5.115}$$

4. 兰伯特问题的求解

求解兰伯特问题的常用方法有高斯方法。高斯方法是高斯在确定谷神星轨道的过程中提出的一种迭代方法,其主要特点是引入了变量 Y。变量 Y 的定义为

$$Y=\frac{A_1}{A_2}=\frac{(\mu p)^{\frac{1}{2}}\Delta t}{r_1r_2\sin\Delta f} \tag{5.116}$$

其中,A_1 为航天器从 P_1 到 P_2 扫过的椭圆轨道的面积;A_2 为矢量 $\boldsymbol{r}_1,\boldsymbol{r}_2$ 构成的三角形的面积。

定义常数 l,l',即

$$l=\frac{r_1+r_2}{4(r_1r_2)^{\frac{1}{2}}\cos\dfrac{\Delta f}{2}}-\frac{1}{2} \tag{5.117}$$

$$l'=\frac{\mu\Delta t^2}{\left[2(r_1r_2)^{\frac{1}{2}}\cos\dfrac{\Delta f}{2}\right]^3} \tag{5.118}$$

将式(5.112)代入式(5.116),则 Y 可以表示为

$$Y^2=\frac{l'}{l+\dfrac{1}{2}\left(1-\cos\dfrac{\Delta E}{2}\right)} \tag{5.119}$$

其中,$\Delta E=E_2-E_1$。式(5.119)被称为“高斯第一方程”,该方程表示了 Y 与 ΔE 之间的单变量关系。

由式(5.108)和式(5.112),可得

$$p=\frac{1}{a}\frac{r_1r_2\sin^2(\Delta f/2)}{\sin^2(\Delta E/2)} \tag{5.120}$$

将上式代入式(5.116)可得

$$Y^2=\frac{\mu}{4a}\frac{\Delta t^2}{r_1r_2\sin^2(\Delta E/2)\cos^2(\Delta f/2)} \tag{5.121}$$

将式(5.108)和式(5.117)代入上式可得

$$Y=1+\frac{\Delta E-\sin\Delta E}{\sin^{3}\frac{\Delta E}{2}}\left[l+\frac{1}{2}\left(1-\cos\frac{\Delta E}{2}\right)\right] \tag{5.122}$$

式(5.122)被称为“高斯第二方程”，该方程表示了 Y 与 ΔE 之间的单变量关系，与式(5.119)为独立方程。

应用高斯方法对兰伯特问题求解的主要步骤如下：

(1) 选取 Y 的一个初值，通常可取 $Y\approx 1$，根据高斯第一方程计算获得 ΔE；

(2) 根据计算得到的 ΔE，利用高斯第二方程求解，获得修正后的 Y 值；

(3) 对上述过程进行多次迭代，直到 Y 收敛；

(4) 计算完成后，可根据 ΔE 和 Y 计算获得经过 P_1 点和 P_2 点(固定时间 Δt)的轨道参数 p 和 a，最后计算得到完成轨道机动所需的 ΔV。

第6章

相对运动轨道

航天器的相对运动是指一个航天器相对于另一个航天器(参考航天器)的运动。与航天器的绝对运动相比,航天器相对运动的变化形式更多样,影响因素更复杂。研究航天器的相对运动可以极大地拓宽航天器的应用范围。

本章首先建立了航天器近距离运动时的相对运动方程,然后在此基础上进一步对航天器编队、螺旋巡游轨道等近距离相对运动进行介绍。

6.1 相对运动方程的建立与求解

记参考航天器为 s,环绕航天器为 c。取参考航天器的轨道坐标系 $s\text{-}xyz$ 作为相对运动坐标系,其原点与参考航天器的质心固联并随其沿轨道运动,x 轴与参考航天器的地心矢量方向重合,由地心指向 s,y 轴在参考航天器的轨道面内垂直于 x 轴并指向运动方向,z 轴由右手规则确定。轨道坐标系 $s\text{-}xyz$ 与地心惯性坐标系 $O_E\text{-}XYZ$ 的关系如图 6.1 所示。

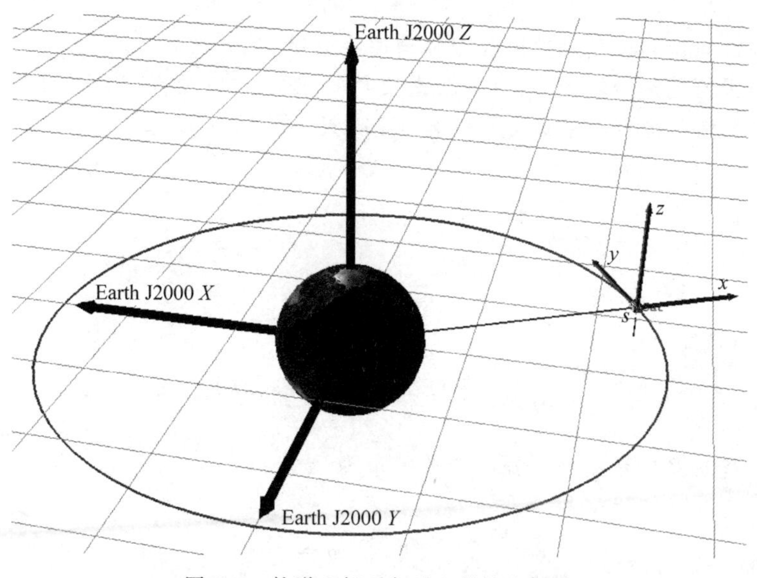

图 6.1　轨道坐标系与地心惯性坐标系

基于参考航天器的轨道坐标系，可以建立环绕航天器相对于参考航天器的相对运动方程，进而研究其相对运动轨迹的特点。

6.1.1 基于动力学方程的相对运动分析

在地心惯性坐标系下，参考航天器和环绕航天器的动力学方程分别为

$$\begin{cases}\dfrac{\mathrm{d}^2\boldsymbol{r}_s}{\mathrm{d}t^2}=-\dfrac{\mu\boldsymbol{r}_s}{r_s^3}+\boldsymbol{f}_s\\[2ex]\dfrac{\mathrm{d}^2\boldsymbol{r}_c}{\mathrm{d}t^2}=-\dfrac{\mu\boldsymbol{r}_c}{r_c^3}+\boldsymbol{f}_c\end{cases}\tag{6.1}$$

其中，$\boldsymbol{r}_s,\boldsymbol{r}_c$ 分别为参考航天器和环绕航天器在地心惯性坐标系下的位置矢量；$\boldsymbol{f}_s,\boldsymbol{f}_c$ 分别为参考航天器和环绕航天器除地球引力外的其他作用力合力产生的加速度矢量。

在地心惯性坐标系下，环绕航天器相对参考航天器的位置矢量为

$$\boldsymbol{\rho}=\boldsymbol{r}_c-\boldsymbol{r}_s\tag{6.2}$$

将式(6.1)代入式(6.2)可以得到

$$\frac{\mathrm{d}^2\boldsymbol{\rho}}{\mathrm{d}t^2}=\frac{\mathrm{d}^2\boldsymbol{r}_c}{\mathrm{d}t^2}-\frac{\mathrm{d}^2\boldsymbol{r}_s}{\mathrm{d}t^2}=-\frac{\mu\boldsymbol{r}_c}{r_c^3}+\frac{\mu\boldsymbol{r}_s}{r_s^3}+\boldsymbol{f}_c-\boldsymbol{f}_s\tag{6.3}$$

对上式变形可以得到

$$\frac{\mathrm{d}^2\boldsymbol{\rho}}{\mathrm{d}t^2}=-\left(\frac{\mu}{r_c^3}-\frac{\mu}{r_s^3}\right)\boldsymbol{r}_c-\frac{\mu}{r_s^3}\boldsymbol{\rho}+\Delta\boldsymbol{f}\tag{6.4}$$

已知轨道坐标系 $s\text{-}xyz$ 相对于地心惯性坐标系 $O_{\mathrm{E}}\text{-}XYZ$ 是一个动坐标系，因此，在动坐标系 $s\text{-}xyz$ 中建立的环绕航天器与参考航天器的相对运动方程为

$$\frac{\mathrm{d}^2\boldsymbol{\rho}}{\mathrm{d}t^2}=\frac{\delta^2\boldsymbol{\rho}}{\delta t^2}+2\boldsymbol{n}\times\boldsymbol{v}+\boldsymbol{n}\times(\boldsymbol{n}\times\boldsymbol{\rho})+\dot{\boldsymbol{n}}\times\boldsymbol{\rho}\tag{6.5}$$

其中，$\dfrac{\delta^2\boldsymbol{\rho}}{\delta t^2}$，$\boldsymbol{v}$ 分别为环绕航天器在动坐标系中的加速度矢量和速度矢量；$\dot{\boldsymbol{n}}$，$\boldsymbol{n}$ 分别为动坐标系相对于惯性系旋转的角加速度矢量和角速度矢量。

设参考航天器的运行轨道为椭圆(轨道长半轴、偏心率以及当前时刻的真近点角分别为 a,e,f)，则参考航天器的角速度矢量和角加速度矢量可记为

$$\begin{cases}\boldsymbol{n}=[0\quad 0\quad n]^{\mathrm{T}}\\ \dot{\boldsymbol{n}}=[0\quad 0\quad \dot{n}]^{\mathrm{T}}\end{cases}\tag{6.6}$$

其中，

$$\begin{cases}n=\sqrt{\mu/a^3}\dfrac{(1+e\cos f)^2}{(1-e^2)^{3/2}}\\[2ex]\dot{n}=-\dfrac{\mu}{a^3}\dfrac{2e\sin f(1+e\cos f)^3}{(1-e^2)^3}\end{cases}\tag{6.7}$$

设 $s\text{-}xyz$ 坐标系中环绕航天器的位置矢量为 $[x,y,z]^{\mathrm{T}}$，则

$$\frac{\delta^2\boldsymbol{\rho}}{\delta t^2}=\begin{bmatrix}\ddot{x}\\ \ddot{y}\\ \ddot{z}\end{bmatrix}\qquad \boldsymbol{v}=\begin{bmatrix}\dot{x}\\ \dot{y}\\ \dot{z}\end{bmatrix}\tag{6.8}$$

将式(6.4)、式(6.6)和式(6.8)代入式(6.5),可以得到环绕航天器在 s-xyz 坐标系中的运动方程:

$$\begin{cases}\ddot{x}-2n\dot{y}-\dot{n}y-n^2\left[x+\dfrac{r_s}{1+e\cos f}-\dfrac{r_s^3(r_s+x)}{(1+e\cos f)r_c^3}\right]-f_x=0\\ \ddot{y}+2n\dot{x}+\dot{n}x-n^2y\left[1-\dfrac{r_s^3}{(1+e\cos f)r_c^3}\right]-f_y=0\\ \ddot{z}+n^2z\left[\dfrac{r_s^3}{(1+e\cos f)r_c^3}\right]-f_z=0\end{cases}\tag{6.9}$$

其中,$r_c=\sqrt{(x+r_s)^2+y^2+z^2}$;$f_x,f_y,f_z$ 分别为 $\Delta \boldsymbol{f}$ 在各轴上的分量。

若参考轨道为圆轨道,则式(6.9)可简写为

$$\begin{cases}\ddot{x}-2n\dot{y}+\left(\dfrac{\mu}{r_c^3}-n^2\right)(x+a)=f_x\\ \ddot{y}+2n\dot{x}+\left(\dfrac{\mu}{r_c^3}-n^2\right)y=f_y\\ \ddot{z}+\dfrac{\mu}{r_c^3}z=f_z\end{cases}\tag{6.10}$$

若环绕航天器和参考航天器之间的距离较近,则$\left(\dfrac{\mu}{r_c^3}-n^2\right)$趋近于0,可以对公式(6.10)作进一步的近似简化。通过简化可以将上述的非线性微分方程转换为一组常系数微分方程,即著名的希尔方程(Hill equation),也称"C-W 方程"。该方程在忽略外力影响的条件下可以得到解析解。

$$\begin{cases}\ddot{x}-2n\dot{y}-3n^2x=f_x\\ \ddot{y}+2n\dot{x}=f_y\\ \ddot{z}+n^2z=f_z\end{cases}\tag{6.11}$$

设环绕航天器在参考航天器轨道坐标系中的初值为 $x_0,y_0,z_0,\dot{x}_0,\dot{y}_0,\dot{z}_0$,对希尔方程积分,可获得 t 时刻的环绕航天器在参考航天器轨道坐标系的运动轨迹。若 f_x,f_y,f_z 均为0,即可在航天器自由运动时,得到相对运动轨迹的解析解:

$$\begin{cases}x=\dfrac{\dot{x}_0}{n}\sin nt-\left(3x_0+2\dfrac{\dot{y}_0}{n}\right)\cos nt+2\left(2x_0+\dfrac{\dot{y}_0}{n}\right)\\ y=2\left(\dfrac{2\dot{y}_0}{n}+3x_0\right)\sin nt+2\dfrac{\dot{x}_0}{n}\cos nt-3(\dot{y}_0+2nx_0)t+\left(y_0-\dfrac{2}{n}\dot{x}_0\right)\\ z=\dfrac{\dot{z}_0}{n}\sin nt+z_0\cos nt\\ \dot{x}=(2\dot{y}_0+3nx_0)\sin nt+\dot{x}_0\cos nt\\ \dot{y}=-2\dot{x}_0\sin nt+(4\dot{y}_0+6nx_0)\cos nt-3(\dot{y}_0+2nx_0)\\ \dot{z}=-nz_0\sin nt+\dot{z}_0\cos nt\end{cases}\tag{6.12}$$

对上述方程进行分析可知，相对运动可分解为垂直于轨道平面与轨道平面内两个相互独立的运动，其中：

(1) 垂直于轨道平面的相对运动为自由震荡运动，周期为 $2\pi/n$；

(2) 轨道平面内的运动是耦合的，通过适当的数学变换，可以得到

$$\frac{(x-x_{c0})^2}{b^2}+\frac{(y-y_{c0}+1.5x_{c0}nt)^2}{(2b)^2}=1 \tag{6.13}$$

其中，

$$\begin{cases} x_{c0}=4x_0+2\dfrac{\dot{y}_0}{n} \\ y_{c0}=y_0-\dfrac{2}{n}\dot{x}_0 \\ b=\sqrt{\left(\dfrac{2\dot{y}_0}{n}+3x_0\right)^2+\left(\dfrac{\dot{x}_0}{n}\right)^2} \end{cases} \tag{6.14}$$

由式(6.13)可知，在轨道平面内环绕航天器的运动轨迹为一个中心沿 y 轴不断漂移的椭圆；若 $x_{c0}=0$，则环绕航天器的轨迹将为一个封闭的椭圆，椭圆的中心为 $(0, y_{c0})$。

6.1.2 基于运动学方程的相对运动分析

根据航天器的轨道根数建立相对运动方程，能够克服相对运动的线性化动力学方程对问题背景的约束，从而获得更广泛条件下的相对运动分析方法。

设参考航天器 s 和环绕航天器 c 均运行在近圆的小偏心率轨道上，它们之间的几何关系如图 6.2 所示。

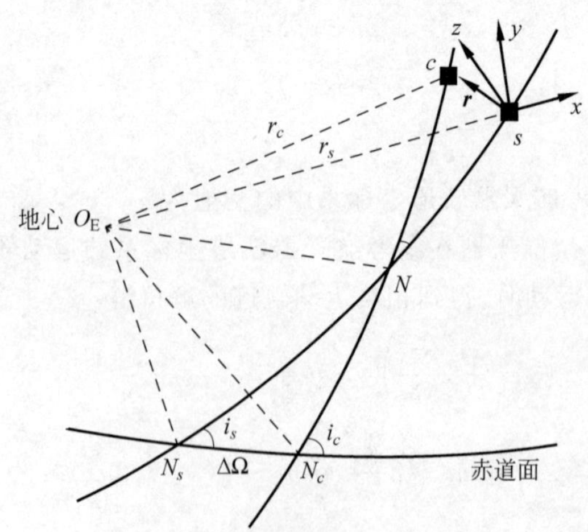

图 6.2 近距离相对运动示意图

图 6.2 中，N_s，N_c 分别为参考航天器、环绕航天器的升交点，N 为二者的相对升交点。参考航天器，环绕航天器在 t_0 时刻的轨道根数分别为 $a_s, e_s, i_s, \Omega_s, \omega_s, M_s$ 和 $a_c, e_c, i_c, \Omega_c, \omega_c, M_c$，二者的轨道根数具有微小偏差，分别为 $\Delta a, \Delta e, \Delta i, \Delta\Omega, \Delta\omega, \Delta M$。

在参考航天器轨道坐标系中，参考航天器的位置矢量为

$$\boldsymbol{r}_s=[r_s \quad 0 \quad 0]^{\mathrm{T}} \tag{6.15}$$

在环绕航天器轨道坐标系中，环绕航天器的位置矢量为

$$\boldsymbol{r}_c=[r_c \quad 0 \quad 0]^{\mathrm{T}} \tag{6.16}$$

从地心惯性坐标系到参考航天器轨道坐标系，以及从地心惯性坐标系到环绕航天器轨道坐标系的转换矩阵分别为

$$\begin{cases}\boldsymbol{M}_I^s=\boldsymbol{M}_Z[u_s]\boldsymbol{M}_X[i_s]\boldsymbol{M}_Z[\Omega_s] \\ \boldsymbol{M}_I^c=\boldsymbol{M}_Z[u_c]\boldsymbol{M}_X[i_c]\boldsymbol{M}_Z[\Omega_c] \\ \quad\;\;=\boldsymbol{M}_Z[u_s+\Delta u]\boldsymbol{M}_X[i_s+\Delta i]\boldsymbol{M}_Z[\Omega_s+\Delta\Omega]\end{cases} \tag{6.17}$$

其中，$\boldsymbol{M}_X[\cdot]$，$\boldsymbol{M}_Z[\cdot]$分别表示绕 x 轴和 z 轴的旋转矩阵。因此，环绕航天器轨道坐标系到参考航天器轨道坐标系的旋转矩阵为

$$\boldsymbol{M}_c^s=\boldsymbol{M}_I^s(\boldsymbol{M}_I^c)^{\mathrm{T}} \tag{6.18}$$

由于编队飞行的航天器相距很近，因此 Δu，Δi，$\Delta\Omega$ 为小量，略去高阶项，可以得到在参考航天器轨道坐标系中，环绕航天器的位置矢量为

$$\boldsymbol{r}=\begin{bmatrix}x\\y\\z\end{bmatrix}=M_c^s\boldsymbol{r}_c-\boldsymbol{r}_s=\begin{bmatrix}r_c-r_s\\r_c(\Delta u+\Delta\Omega\cos i_s)\\r_c(\Delta i\sin u_s-\Delta\Omega\sin i_s\cos u_s)\end{bmatrix} \tag{6.19}$$

已知 $r=a(1-e\cos E)$，而由于参考航天器和环绕航天器均运行在近圆轨道上，忽略 e 的二阶及二阶以上小量，可以将地心距 r 和真近点角 f 展开为平近点角 M 的形式，即

$$r=a(1-e\cos M) \tag{6.20}$$

$$f=M+2e\sin M \tag{6.21}$$

因此，有

$$u=\omega+f=\omega+M+2e\sin M \tag{6.22}$$

根据式(6.19)和式(6.22)，可以得到

$$\begin{cases}x=r_c-r_s\approx a_c(1-e_c\cos M_c)-a_s(1-e_s\cos M_s) \\ y=r_c(\Delta u+\Delta\Omega\cos i_s) \\ \quad\approx a_c(1-e_c\cos M_c)(\Delta u+\Delta\Omega\cos i_s) \\ \quad\approx a_c\times(\Delta\omega+\Delta M+2e_c\sin M_c-2e_s\sin M_s+\Delta\Omega\cos i_s) \\ z=r_c(\Delta i\sin u_s-\Delta\Omega\sin i_s\cos u_s) \\ \quad\approx a_c(1-e_c\cos M_c)(\Delta i\sin u_s-\Delta\Omega\sin i_s\cos u_s) \\ \quad\approx a_c\times[\Delta i\sin(\omega_s+M_s)-\Delta\Omega\sin i_s\cos(\omega_s+M_s)]\end{cases} \tag{6.23}$$

设从当前时刻起航天器运行的时间为 t，航天器运行的平均角速度为 n，则

$$M=M_0+nt \tag{6.24}$$

可以得到用轨道根数表示的航天器近距离运动方程为

$$\begin{cases}x=a_c[1-e_c\cos(M_c+n_ct)]-a_s[1-e_s\cos(M_s+n_st)] \\ y=a_c\times[\Delta\omega+\Delta M+(n_c-n_s)t+2e_c\sin(M_c+n_ct)-2e_s\sin(M_s+n_st)+\Delta\Omega\cos i_s] \\ z=a_c\times[\Delta i\sin(\omega_s+M_s+n_st)-\Delta\Omega\sin i_s\cos(\omega_s+M_s+n_st)]\end{cases} \tag{6.25}$$

对上述方程进行分析可知：

(1) z 轴方向为震荡运动，振幅为 $a_c\sqrt{\Delta i^2+\Delta\Omega^2\sin^2 i_s}$，由两个航天器的初始轨道根数决定；

(2) 若假设两个航天器的初始长半轴存在差值 $\Delta a=a_c-a_s$，则 x，y 轴方向的运动方程可改写为

$$\begin{cases}x=a_s[-e_c\cos(M_c+n_ct)+e_s\cos(M_s+n_st)]+\Delta a[1-e_c\cos(M_c+n_ct)]\\ y=(a_s+\Delta a)\times[\Delta\omega+\Delta M+(n_c-n_s)t+2e_c\sin(M_c+n_ct)-\\ \qquad 2e_s\sin(M_s+n_st)+\Delta\Omega\cos i_s]\end{cases}\tag{6.26}$$

分析可知，x 轴方向的运动是封闭的，环绕航天器和参考航天器之间距离的最大值由两个航天器的初始轨道根数决定；y 轴方向的运动由于存在$(n_c-n_s)t$ 项，所以会出现不断的漂移，漂移的速度为 $a_c(n_c-n_s)$。因此，若要实现在 y 轴方向的封闭，则必须有 $n_c=n_s$，即两个航天器具有相同的长半轴。

6.2 航天器编队轨道设计

航天器编队是由物理上互不相连、共同实现同一太空任务的多个航天器构成的太空系统。由上一节的分析可知，若环绕航天器相对于参考航天器的位置速度初值满足

$$x_{c0}=4x_0+2\frac{\dot{y}_0}{n}=0\tag{6.27}$$

则环绕航天器与参考航天器在空间将形成稳定的相对运动轨迹，从而构成航天器编队。

航天器编队通过星间协作以实现多个航天器的功能重组，与传统的单航天器系统相比，航天器编队在功能上已经发生了本质变化，它不仅可以完成某些传统任务，而且可以实现一些单航天器系统无法实现的功能，如空间长基线干涉测量、大范围立体成像、间断式定位导航等。

6.2.1 基于动力学的编队构型设计

若满足 $x_{c0}=0$ 的编队条件，则根据式(6.12)，可以得到环绕航天器在参考航天器轨道坐标系的运动轨迹为

$$\begin{cases}x=\dfrac{\dot{x}_0}{n}\sin nt-\left(3x_0+2\dfrac{\dot{y}_0}{n}\right)\cos nt\\ y=\left(\dfrac{2\dot{y}_0}{n}+3x_0\right)\sin nt+2\dfrac{\dot{x}_0}{n}\cos nt+\left(y_0-\dfrac{2}{n}\dot{x}_0\right)\\ z=\dfrac{\dot{z}_0}{n}\sin nt+z_0\cos nt\end{cases}\tag{6.28}$$

根据上述方程，就可以进行航天器编队构型的设计。

(1) 相对静止构型

若环绕航天器在参考航天器轨道坐标系中的初值满足

$$\begin{cases} x_0 = 0 \\ y_0 = y_0, \\ z_0 = 0 \end{cases} \quad \begin{cases} \dot{x}_0 = 0 \\ \dot{y}_0 = 0 \\ \dot{z}_0 = 0 \end{cases} \tag{6.29}$$

则轨迹方程变为

$$\begin{cases} x = 0 \\ y = y_0 \\ z = 0 \end{cases} \tag{6.30}$$

此时,环绕航天器相对于参考航天器静止,只在沿迹向方向上有一定的偏离。

(2) 平面内编队构型

若 $z_0=0, \dot{z}_0=0$,其他不为 0,则环绕航天器将在参考航天器的轨道平面内运动,且运动轨迹为椭圆。椭圆中心位于 y 轴上,长半轴为短半轴的 2 倍,即固定偏心率为 0.866。

(3) 环绕飞行构型

若满足

$$y_{c0} = y_0 - \frac{2}{n}\dot{x}_0 = 0 \tag{6.31}$$

有

$$\begin{cases} x = \dfrac{\dot{x}_0}{n}\sin nt - \left(3x_0 + 2\,\dfrac{\dot{y}_0}{n}\right)\cos nt \\ y = \left(\dfrac{2\dot{y}_0}{n} + 3x_0\right)\sin nt + 2\,\dfrac{\dot{x}_0}{n}\cos nt \\ z = \dfrac{\dot{z}_0}{n}\sin nt + z_0\cos nt \end{cases} \tag{6.32}$$

由上式可知,x,y,z 三个轴方向均为周期运动,且运动的周期相同,若满足

$$z^2 = 3x^2 \tag{6.33}$$

即

$$\begin{cases} \dot{z}_0 = \sqrt{3}\,x_0 \\ z_0 = -\sqrt{3}\left(3x_0 + 2\,\dfrac{\dot{y}_0}{n}\right) \end{cases}, \quad \begin{cases} \dot{z}_0 = -\sqrt{3}\,x_0 \\ z_0 = \sqrt{3}\left(3x_0 + 2\,\dfrac{\dot{y}_0}{n}\right) \end{cases} \tag{6.34}$$

则有

$$x^2 + y^2 + z^2 = 4b^2 = 4\left[\left(\frac{2\dot{y}_0}{n} + 3x_0\right)^2 + \left(\frac{\dot{x}_0}{n}\right)^2\right] \tag{6.35}$$

此时,环绕航天器的相对轨迹为圆。将上述方程进行整理后,可以得到环绕航天器绕参考航天器进行圆运动的基本条件为

$$\begin{cases} x_0^2+\left(\dfrac{\dot{x}_0}{n}\right)^2=\dfrac{r^2}{4} \\ \dot{y}_0=-2nx_0 \\ y_0=\dfrac{2}{n}\dot{x}_0 \\ \begin{cases} \dot{z}_0=\sqrt{3}x_0 \\ z_0=-\sqrt{3}\left(3x_0+2\dfrac{\dot{y}_0}{n}\right) \end{cases} \quad \text{或} \quad \begin{cases} \dot{z}_0=-\sqrt{3}x_0 \\ z_0=\sqrt{3}\left(3x_0+2\dfrac{\dot{y}_0}{n}\right) \end{cases} \end{cases} \tag{6.36}$$

其中，r 为空间圆的半径。

式(6.36)中包含 5 个方程、6 个未知数，还拥有 1 个自由度，即圆轨迹上的相位。对 x 轴方向上的轨迹方程进行变形，可以得到

$$x=\frac{r}{2}\cos(nt+\theta) \tag{6.37}$$

其中，

$$\cos\theta=-2\left(3x_0+2\frac{\dot{y}_0}{n}\right)\Big/r,\quad \sin\theta=-\frac{2\dot{x}_0}{nr} \tag{6.38}$$

可见，在设定相位角后，即可以完全确定环绕航天器在参考航天器轨道坐标系中的坐标。

由于已知参考航天器的轨道根数，可以确定参考航天器轨道坐标系与地心惯性坐标系的转换矩阵，见式(6.17)。基于该转换矩阵，可以获得环绕航天器在地心惯性坐标系下的位置、速度矢量。

6.2.2 基于运动学的编队构型设计

由 6.1.2 节可知，为实现编队，需要 $\Delta a=0$。此时式(6.25)可变为

$$\begin{cases} x=a_s\left[-e_c\cos(M_c+n_st)+e_s\cos(M_s+n_st)\right] \\ y=a_s\times\left[\Delta\omega+\Delta M+2e_c\sin(M_c+n_st)-2e_s\sin(M_s+n_st)+\Delta\Omega\cos i_s\right] \\ z=a_s\times\left[\Delta i\sin(\omega_s+M_s+n_st)-\Delta\Omega\sin i_s\cos(\omega_s+M_s+n_st)\right] \end{cases} \tag{6.39}$$

此时，x,y,z 轴 3 个方向的运动均不发散，对式(6.39)的 3 个方程做进一步变化可得

$$\begin{aligned} x&=a_s\left[(-e_c\cos\Delta M+e_s)\cos(M_s+n_st)+e_c\sin\Delta M\sin(M_s+n_st)\right] \\ &=-a_s\sqrt{(e_c\cos\Delta M-e_s)^2+(e_c\sin\Delta M)^2}\cos(M_s+n_st+\theta) \\ &=-b\cos(M_s+n_st+\theta) \end{aligned} \tag{6.40}$$

$$\begin{aligned} y&=a_s\left[2(e_c\cos\Delta M-e_s)\sin(M_s+n_st)+(2e_c\sin\Delta M)\sin(M_s+n_st)+\right. \\ &\qquad\left.(\Delta\omega+\Delta M+\Delta\Omega\cos i_s)\right] \\ &=a_s\left[2\sqrt{(-e_c\cos\Delta M+e_s)^2+(e_c\sin\Delta M)^2}\sin(M_s+n_st+\theta)+\right. \\ &\qquad\left.(\Delta\omega+\Delta M+\Delta\Omega\cos i_s)\right] \\ &=2b\sin(M_s+n_st+\theta)+a_s(\Delta\omega+\Delta M+\Delta\Omega\cos i_s) \end{aligned} \tag{6.41}$$

$$z=-a_s\sqrt{\Delta i^2+\Delta\Omega^2\sin^2 i_s}\cos(\omega_s+M_s+n_st+\phi) \tag{6.42}$$

其中，

$$\begin{cases}b = a_s\sqrt{(e_c\cos\Delta M - e_s)^2 + (e_c\sin\Delta M)^2}\\ \sin\theta = \dfrac{e_c\sin\Delta M}{\sqrt{(-e_c\cos\Delta M + e_s)^2 + (e_c\sin\Delta M)^2}}\end{cases} \tag{6.43}$$

$$\begin{cases}\cos\theta = \dfrac{-e_c\cos\Delta M + e_s}{\sqrt{(-e_c\cos\Delta M + e_s)^2 + (e_c\sin\Delta M)^2}}\\ \sin\phi = \dfrac{\Delta i}{\sqrt{\Delta i^2 + \Delta\Omega^2\sin^2 i_s}}\end{cases} \tag{6.44}$$

$$\cos\phi = \frac{\Delta\Omega\sin i}{\sqrt{\Delta i^2 + \Delta\Omega^2\sin^2 i_s}} \tag{6.45}$$

综上所述，当两个航天器的周期严格相等且均为近圆轨道时，环绕航天器相对于参考航天器的相对运动轨迹为

$$\begin{cases}x = -b\cos(M_s + n_s t + \theta)\\ y = 2b\sin(M_s + n_s t + \theta) + a_s(\Delta\omega + \Delta M + \Delta\Omega\cos i_s)\\ z = -a_s\sqrt{\Delta i^2 + \Delta\Omega^2\sin^2 i_s}\cos(\omega_s + M_s + n_s t + \phi)\end{cases} \tag{6.46}$$

(1) 相对静止构型

若环绕航天器与参考航天器的轨道根数满足

$$\begin{cases}b = a_s\sqrt{(e_c\cos\Delta M - e_s)^2 + (e_c\sin\Delta M)^2} = 0\\ \Delta i^2 + \Delta\Omega^2\sin^2 i_s = 0\\ \Delta\omega + \Delta M + \Delta\Omega\cos i_s \neq 0\end{cases} \tag{6.47}$$

则环绕航天器与参考航天器相对静止，只在沿迹向方向上有一定的偏离，具体值为 $a_s(\Delta\omega+\Delta M+\Delta\Omega\cos i_s)$。

(2) 平面内编队构型

若满足

$$\begin{cases}\Delta i^2 + \Delta\Omega^2\sin^2 i_s = 0\\ \sqrt{(e_c\cos\Delta M - e_s)^2 + (e_c\sin\Delta M)^2} \neq 0\end{cases} \tag{6.48}$$

则环绕航天器将在参考航天器的轨道平面内运动，运动轨迹为椭圆。椭圆中心位于 y 轴上，长半轴为短半轴的两倍。

(3) 环绕飞行构型

由方程(6.46)可知，若想实现环绕飞行，需要满足条件

$$\Delta\omega + \Delta M + \Delta\Omega\cos i_s = 0 \tag{6.49}$$

同时，若满足 $z^2=3x^2$，则 $x^2+y^2+z^2=4b^2$，可实现空间内的圆编队构型。此时求解环绕航天器轨道根数的方程为

$$
\begin{cases}
\Delta a = 0 \\
\Delta\omega + \Delta M + \Delta\Omega\cos i_s = 0 \\
\begin{cases}
\sqrt{3}(-e_c\cos\Delta M + e_s) = \Delta i\sin\omega_s - \Delta\Omega\sin i_s\cos\omega_s \\
\sqrt{3}e_c\sin\Delta M = \Delta i\cos\omega_s + \Delta\Omega\sin i_s\sin\omega_s
\end{cases} \\
\text{或}\begin{cases}
-\sqrt{3}(-e_c\cos\Delta M + e_s) = \Delta i\sin\omega_s - \Delta\Omega\sin i_s\cos\omega_s \\
-\sqrt{3}e_c\sin\Delta M = \Delta i\cos\omega_s + \Delta\Omega\sin i_s\sin\omega_s
\end{cases} \\
4b^2 = a_s^2\left[(e_c\cos\Delta M - e_s)^2 + (e_c\sin\Delta M)^2\right] = r^2
\end{cases} \tag{6.50}
$$

再加上确定一个初始相位角，即给定

$$
\theta = \theta_1 \tag{6.51}
$$

则可完全确定空间圆编队中环绕航天器的初始轨道根数。

6.2.3 仿真算例

(1) 基于动力学的编队构型设计

设参考航天器的经典轨道根数 $a_s = 7000\text{km}, \Omega_s = 60°, e_s = 0, i_s = 30°, M_s = 90°, \omega_s = 0°$，则环绕航天器绕参考航天器进行圆运动必须满足如下条件：

$$
\begin{cases}
x_{c0} = 4x_0 + 2\dfrac{\dot{y}_0}{n} = 0 \\
y_{c0} = y_0 - 2\dfrac{\dot{x}_0}{n} = 0 \\
z^2 = 3x^2
\end{cases}
\Rightarrow
\begin{cases}
\dot{y}_0 = -2nx_0 \\
y_0 = 2\dfrac{\dot{x}_0}{n} \\
z_0 = \pm\sqrt{3}x_0 \\
\dot{z}_0 = \pm\sqrt{3}\dot{x}_0
\end{cases}
$$

再根据 $x = \dfrac{r}{2}\cos(nt + \theta)$，可得

$$
\begin{cases}
\cos\theta = \dfrac{2x_0}{r} \\
\sin\theta = -\dfrac{2\dot{x}_0}{nr}
\end{cases}
$$

其中，

$$
r = 2\sqrt{\left(\frac{2\dot{y}_0}{n} + 3x_0\right)^2 + \left(\frac{\dot{x}_0}{n}\right)}
$$

取环绕平面与参考航天器轨道坐标系 XOY 平面的夹角为 30°，则

$$
\begin{cases}
z_0 = \sqrt{3}x_0 \\
\dot{z}_0 = \sqrt{3}\dot{x}_0
\end{cases}
$$

取相位角 $\theta = 60°$，环绕航天器绕参考航天器进行圆运动的半径 $r = 12\text{km}$，则可以得到环绕航天器在参考航天器轨道坐标系中的坐标为

$$\begin{cases} x_0 = 3000 \\ \dot{x}_0 = 5.6015 \\ y_0 = 10\,392 \\ \dot{y}_0 = -6.4680 \\ z_0 = 5196 \\ \dot{z}_0 = 9.7021 \end{cases}$$

已知参考航天器的经典轨道根数,则可求得坐标转换矩阵

$$\boldsymbol{M}_I^s = \boldsymbol{M}_Z(-\Omega_S)\boldsymbol{M}_X(-i_S)\boldsymbol{M}_Z(-u_S) = \begin{bmatrix} -0.7500 & -0.5000 & 0.4330 \\ 0.4330 & -0.8660 & -0.2500 \\ 0.5000 & 0 & 0.8660 \end{bmatrix}$$

$$\dot{\boldsymbol{M}}_S^I = \boldsymbol{M}_Z(-\Omega_S)\boldsymbol{M}_X(-i_S)\frac{\mathrm{d}\boldsymbol{M}_Z(-u_S)}{\mathrm{d}u_S}\cdot n = 10^{-3}\begin{bmatrix} 0.5390 & 0.8085 & 0 \\ -0.9336 & -0.4668 & 0 \\ 0 & -0.5390 & 0 \end{bmatrix}$$

利用坐标转换可以得到地心惯性坐标系下环绕航天器的直角坐标为

$$\begin{cases} r_c = r_s + \boldsymbol{M}_S^I r^{\mathrm{T}} = (-5255.196 \quad 3022.089 \quad 3506.000)\,\mathrm{km} \\ v_c = v_s + \boldsymbol{M}_S^I v^{\mathrm{T}} + \dot{\boldsymbol{M}}_S^I r^{\mathrm{T}} = (-3.763\,005 \quad -6.537\,121 \quad 0.005\,601\,489)\,\mathrm{km/s} \end{cases}$$

将参考航天器和环绕航天器的轨道根数输入到STK(Satellite Tool Kit)中,可以得到环绕航天器相对于参考航天器的运动轨迹,如图6.3所示。

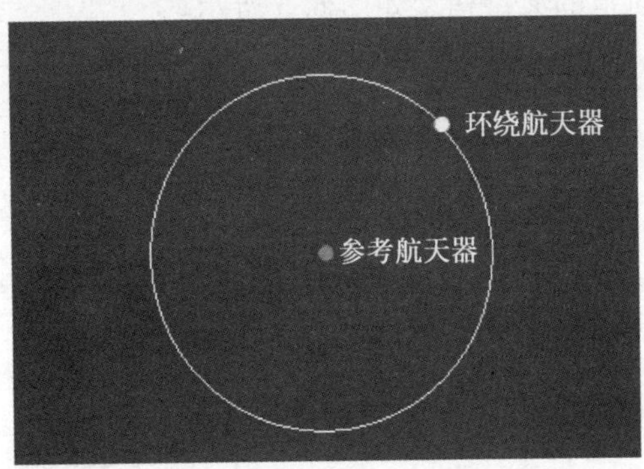

图6.3 动力学方法的空间圆编队设计结果

(2) 基于运动学的编队构型设计

设参考航天器的经典轨道根数为

$$a_s = 7200\mathrm{km},\quad \Omega_s = 30^\circ,\quad e_s = 0.01,\quad i_s = 60^\circ,\quad \omega_s = 60^\circ, M_s = 120^\circ$$

当取环绕平面与参考航天器轨道坐标系 XOY 平面的夹角为30°时,$z=\sqrt{3}x$,取初始相位角 $\theta_1 = 60^\circ$,环绕航天器绕参考航天器进行圆运动的半径 $r = 3\mathrm{km}$,则根据式(6.50),可以得到环绕航天器相对于参考航天器的轨道根数偏差为

$$\Delta a = 0,\quad \Delta\omega = -1.364\,17,\quad \Delta M = 0.206\,30,\quad \Delta\Omega = 2.315\,70,$$
$$\Delta i = -3.437\,75,\quad e_c = 0.050\,10$$

进而可以得到伴随航天器的轨道根数为

$a_c = 7200\text{km}$, $\Omega_c = 32.3157°$, $e_c = 0.05010$, $i_c = 56.56225°$,

$\omega_c = 58.63583°$, $M_c = 120.2063°$

将参考航天器和环绕航天器的经典轨道根数输入到STK中,得到环绕航天器相对于参考航天器的运动轨迹,如图6.4所示。

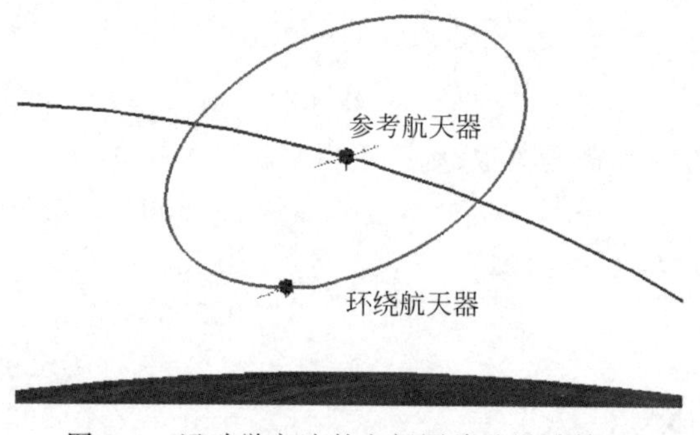

图6.4　运动学方法的空间圆编队设计结果

6.3　螺旋巡游轨道设计

螺旋巡游轨道是一种以特定目标轨道或者是特定目标轨道上的某一弧段为参照物的相对运行轨道。螺旋巡游轨道是通过对巡游航天器轨道的偏心率、轨道倾角等轨道参数的设计,使得巡游航天器相对于目标轨道的运动为近似螺旋进动的方式,从而形成螺旋绕飞的相对轨道构型。螺旋巡游轨道的典型构型如图6.5所示。

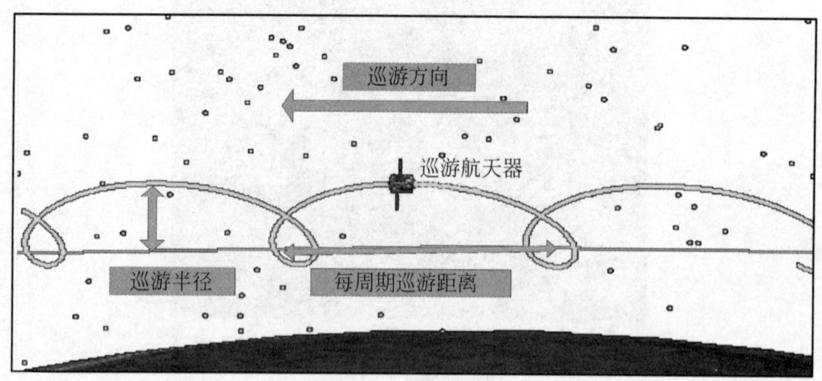

图6.5　螺旋巡游轨道构型示意图

6.3.1　基于动力学的巡游轨道设计

当$x_{c0} \neq 0$时,环绕航天器(巡游航天器)将沿迹向不断偏离参考航天器,在参考航天器轨道坐标系中形成螺旋状轨迹。根据希尔方程,巡游航天器在参考航天器轨道平面内的相对运动轨迹可以表示为

$$\frac{(x - x_{c0})^2}{b^2} + \frac{(y - y_{c0} + 1.5x_{c0}nt)^2}{(2b)^2} = 1 \tag{6.52}$$

当 $x_{c0}\neq 0$ 时，平面内的相对运动轨迹是中心沿参考航天器轨道航迹方向漂移的椭圆，中心漂移的速度与 x_{c0} 成正比，且每周期漂移的距离为

$$L=|3\pi x_{c0}| \tag{6.53}$$

巡游速度可以表示为

$$V=1.5x_{c0}n \tag{6.54}$$

方向由 x_{c0} 的符号确定，即

$$\begin{cases} x_{c0}<0, & \text{正向巡游} \\ x_{c0}>0, & \text{反向巡游} \end{cases} \tag{6.55}$$

巡游航天器在参考航天器轨道平面内相对于参考航天器轨道的距离由 b 和 x_{c0} 确定，即

$$\begin{cases} L_{\max}=b+|x_{c0}| \\ L_{\min}=b-|x_{c0}| \end{cases} \tag{6.56}$$

螺旋巡游轨道完成对参考航天器轨道的遍历巡游需要的时间与巡游速度直接相关，且巡游速度越大，遍历周期越短。可以用以下公式近似估计巡游的遍历周期。

$$T\approx 2\pi a_s/V \tag{6.57}$$

其中，a_s 表示参考航天器轨道长半轴。

巡游速度 V 与遍历寻访周期 T 的关系如图 6.6 所示。

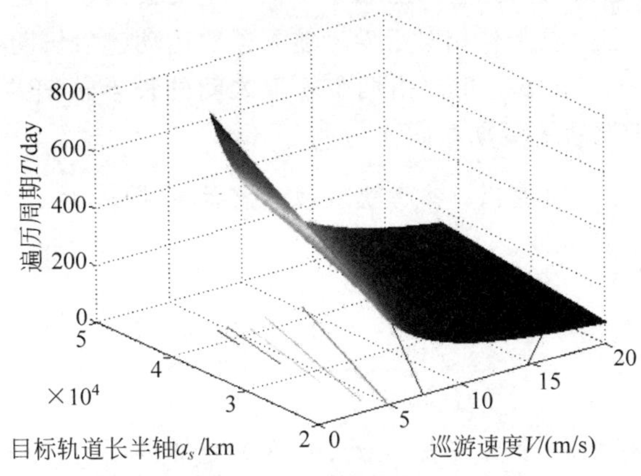

图 6.6　a_s-V-T 的关系(后附彩图)

可见，当巡游速度一定时，参考航天器的轨道长半轴越长，遍历周期越长；而当参考航天器的轨道长半轴一定时，巡游速度越大，遍历周期越小。对于同一条参考轨道，巡游周期 T 与巡游速度 V 近似成反比关系。

其他参数的设定可参考航天器编队的相关方法。

6.3.2　基于运动学的巡游轨道设计

当 $\Delta a\neq 0$ 时，环绕航天器(巡游航天器)的近距离运动方程为

$$\begin{cases}x = a_s\left[-e_c\cos(M_c + n_c t) + e_s\cos(M_s + n_s t)\right] + \Delta a\left[1 - e_c\cos(M_c + n_c t)\right] \\ y = (a_s + \Delta a)\times\left[\Delta\omega + \Delta M + (n_c - n_s)t + 2e_c\sin(M_c + n_c t) - \right. \\ \qquad\qquad \left. 2e_s\sin(M_s + n_s t) + \Delta\Omega\cos i_s\right] \\ z = (a_s + \Delta a)\times\left[\Delta i\sin(\omega_s + M_s + n_s t) - \Delta\Omega\sin i_s\cos(\omega_s + M_s + n_s t)\right]\end{cases} \tag{6.58}$$

由式(6.58)可知，当 $\Delta a \neq 0$ 时，x 方向和 z 方向的运动不发散，y 方向的运动是发散的，且发散速度(巡游速度)为

$$V = (a_s + \Delta a)(n_c - n_s) \tag{6.59}$$

将上式中的 n_c 进行泰勒展开(一阶近似)，可以得到

$$V = -1.5 n_s \Delta a \tag{6.60}$$

因此，在一阶近似下，式(6.58)可化简为

$$\begin{cases}x = -b\cos(M_s + n_s t + \theta) + \Delta a \\ y = 2b\sin(M_s + n_s t + \theta) + a_s(\Delta\omega + \Delta M + \Delta\Omega\cos i_s) + Vt \\ z = -a_s\sqrt{\Delta i^2 + \Delta\Omega^2\sin^2 i_s}\cos(\omega_s + M_s + n_s t + \phi)\end{cases} \tag{6.61}$$

其中，b，θ，ϕ 的定义见 6.2.2 节。

由上式可以看出：

(1) 在 x 方向上，当巡游航天器处于近地点时，偏离参考轨道的偏差为 $\Delta r_p = \Delta a - b$；当巡游航天器处于远地点时，偏离参考轨道的偏差为 $\Delta r_a = \Delta a + b$。当满足 $\Delta r_p < 0 < \Delta r_a$ 时，巡游航天器轨道相对参考轨道在参考轨道平面形成交叉的相对运动轨迹。

(2) 在 y 方向上，巡游航天器相对于参考航天器的运动包括长期项和周期项，长期项对应的漂移速度为 $V = -1.5 n_s \Delta a$，主要由两个轨道之间的长半轴偏差决定。周期项的振幅为 $2b$，周期与参考航天器轨道周期相同。

(3) 在 z 方向上，巡游轨道相对参考轨道做正弦运动，振幅为 $a_s\sqrt{\Delta i^2 + \Delta\Omega^2\sin^2 i_s}$，周期与参考航天器轨道周期相同。

6.3.3 仿真算例

在地球静止轨道任取一个参考航天器，其在初始时刻[21 Apr 2016 04:00:00.000 UTCG]的轨道六要素为 $a = 42\,164\text{km}$，$e = 0$，$i = 0°$，$\Omega = 0°$，$\omega = 0°$，$M = -2°$。设巡游轨道半径 $R = 150\text{km}$，巡游速度 $V = 0.006\text{km/s}$，$\theta = -90°$，$\phi = 30°$，通过计算得巡游航天器在地心惯性坐标系中的位置速度矢量：

$$\boldsymbol{r} = \begin{bmatrix} 42\,143.7 \\ -1316.1 \\ 0 \end{bmatrix}\text{km} \quad \dot{\boldsymbol{r}} = \begin{bmatrix} 0.101\,708 \\ 3.074\,988 \\ 0.003\,273 \end{bmatrix}\text{km/s}$$

将参考航天器和巡游航天器的轨道根数输入到 STK 中，可以得到巡游航天器相对于参考航天器的运动轨迹，如图 6.7 所示。

由图可知，通过螺旋巡游轨道的设计，可以实现对特定参考轨道的巡游观测。

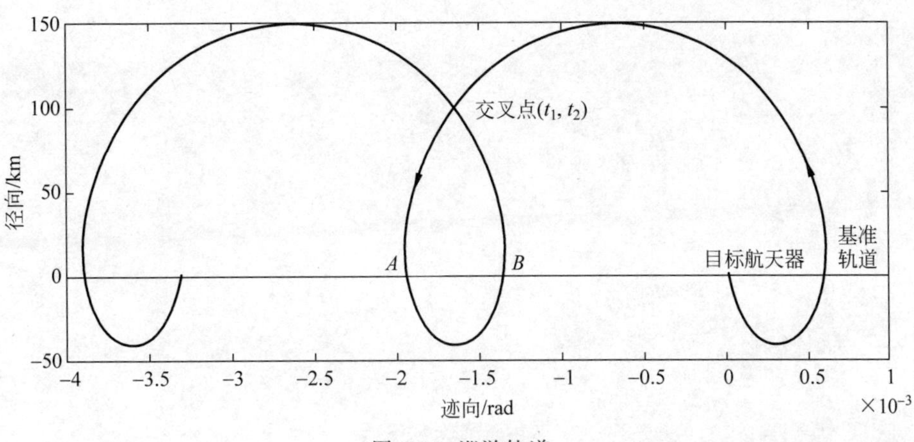
150
100
50
0
−50
径向/km
−4
−3.5
−3
−2.5
−2
−1.5
−1
−0.5
0
0.5
1
×10⁻³
迹向/rad
交叉点(t_1, t_2)
A
B
目标航天器
基准
轨道

图 6.7　巡游轨道

第7章

三体问题

上文已经介绍过，研究 N 个天体在万有引力作用下的运动问题称为“N 体问题”。N 体问题研究中最为典型的一类就是，一个航天器或者探测器在 $N-1$ 个大天体引力作用下的运动问题。若探测器的质量满足 $m \ll M_i$，$(i=1,2,3,\cdots,N-1)$，其中，M_i 为第 i 个天体的质量，则可以近似认为 $N-1$ 个大天体的运动与探测器无关，此时的 N 体问题为限制性 N 体问题。

限制性问题中最简单的是限制性三体问题，即一个探测器在两个天体万有引力作用下的运动问题。由于小天体对两个大天体的运动没有影响，因此两个大天体之间的运动对应一个简单的二体问题，其稳定的相对运动轨迹显然为圆或者椭圆。根据两个大天体的相对运动轨迹，可将限制性三体问题进一步细分成圆型限制性三体问题和椭圆型限制性三体问题，本章主要介绍圆型限制性三体问题。

7.1 圆型限制性三体问题

由于太阳系中大多数天体轨道的偏心率都较小，因此，在太阳系内研究月球探测、行星际探测问题都可以在一定程度上近似为圆型限制性三体问题。设圆型限制性三体问题中，两个大天体 P_1 和 P_2 的质量分别为 m_1 和 m_2，这两个大天体以 ω 的角速度围绕其质量中心做圆运动；探测器为 P，质量为 m。本节将推导在此假设条件下的探测器的运动方程。

7.1.1 坐标系定义

研究圆型限制性三体问题时，通常会采用两种坐标系，即质心惯性坐标系 $OXYZ$ 与质心旋转坐标系 $Oxyz$，如图 7.1 所示。

质心惯性坐标系 $OXYZ$ 定义为

- 原点为大天体 P_1 和 P_2 组成的二体系统的质量中心；
- xy 平面为 P_1 和 P_2 的运动平面；
- x 轴与 t_0 时刻 P_1 和 P_2 的连线相一致，指向质量较小的大天体 P_2。

质心旋转坐标系 $Oxyz$ 定义为

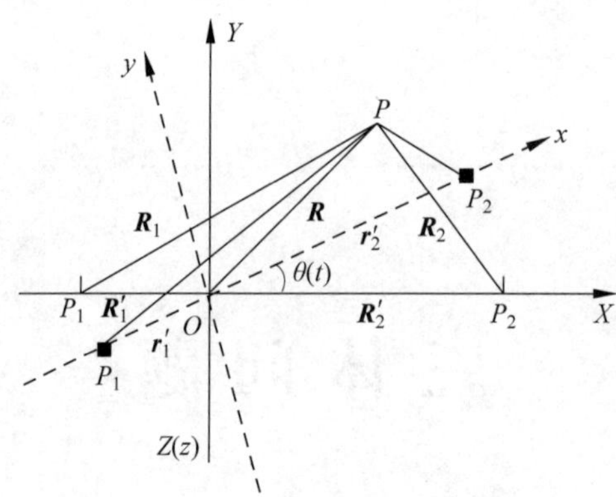

图 7.1　质心惯性坐标系和质心旋转坐标系

- 原点为大天体 P_1 和 P_2 组成的二体系统的质心；
- xy 平面为 P_1 和 P_2 的运动平面；
- x 轴与 P_1 和 P_2 的连线固连，指向质量较小的大天体 P_2，并随其做圆周运动。

7.1.2 运动方程

为了讨论问题方便，设置质量单位$[M]=m_1+m_2$，长度单位$[L]=r_{12}$。其中，r_{12} 是两个大天体之间的距离。

设

$$\mu=\frac{m_2}{m_1+m_2} \tag{7.1}$$

由于坐标原点 O 为 P_1 和 P_2 的质量中心，大天体 P_1 和 P_2 到坐标原点 O 的距离分别为 $r_1=\mu r_{12}$，$r_2=(1-\mu)r_{12}$。

(1) 质心惯性坐标系下的运动方程

在质心惯性坐标系下，三个天体 P_1，P_2 和 P 的坐标矢量分别为 $\boldsymbol{R}_1'$，$\boldsymbol{R}_2'$，$\boldsymbol{R}$。相应的小天体相对两个大天体的坐标矢量为

$$\begin{cases}\boldsymbol{R}_1=\boldsymbol{R}-\boldsymbol{R}_1'\\ \boldsymbol{R}_2=\boldsymbol{R}-\boldsymbol{R}_2'\end{cases} \tag{7.2}$$

两个大天体相对坐标原点做圆运动，坐标矢量随时间 t 的变化关系为

$$\begin{cases}\boldsymbol{R}_1'=[\mu r_{12}\cos(\omega t)\quad \mu r_{12}\sin(\omega t)\quad 0]^{\mathrm{T}}\\ \boldsymbol{R}_2'=[-(1-\mu)r_{12}\sin(\omega t)\quad -(1-\mu)r_{12}\cos(\omega t)\quad 0]^{\mathrm{T}}\end{cases} \tag{7.3}$$

在上述定义下，可以得到小天体 P 的运动方程为

$$\ddot{\boldsymbol{R}}=-G\frac{m_1}{R_1^3}\boldsymbol{R}_1-G\frac{m_2}{R_2^3}\boldsymbol{R}_2 \tag{7.4}$$

(2) 质心旋转坐标系下的运动方程

在质心旋转坐标系 $Oxyz$ 中，三个天体 P_1，P_2 和 P 的坐标矢量分别为 $\boldsymbol{r}_1'$，$\boldsymbol{r}_2'$，$\boldsymbol{r}$。相应

的小天体相对两个大天体的坐标矢量为

$$\begin{cases} \boldsymbol{r}_1 = \boldsymbol{r} - \boldsymbol{r}'_1 \\ \boldsymbol{r}_2 = \boldsymbol{r} - \boldsymbol{r}'_2 \end{cases} \tag{7.5}$$

其中，

$$\begin{cases} \boldsymbol{r}'_1 = [\mu \quad 0 \quad 0]^{\mathrm{T}} \\ \boldsymbol{r}'_2 = [-(1-\mu) \quad 0 \quad 0]^{\mathrm{T}} \end{cases} \tag{7.6}$$

根据坐标转换关系，可得 $\boldsymbol{r}$ 与 $\boldsymbol{R}$ 的转换关系为

$$\boldsymbol{r} = \boldsymbol{R}_z(\omega t)\boldsymbol{R} = [X\cos(\omega t) + Y\sin(\omega t) - X\sin(\omega t) + Y\cos(\omega t) Z]^{\mathrm{T}} \tag{7.7}$$

其中，$\boldsymbol{R}_z(\omega t)$是绕 Z 轴旋转角度 ωt 的初等转换矩阵。

已知不同坐标系之间存在矢量导数关系，即

$$\frac{\mathrm{d}^2\boldsymbol{R}}{\mathrm{d}t^2} = \frac{\delta^2\boldsymbol{R}}{\mathrm{d}t^2} + \boldsymbol{\omega}\times(\boldsymbol{\omega}\times\boldsymbol{R}) + 2\boldsymbol{\omega}\times\frac{\delta\boldsymbol{R}}{\mathrm{d}t} + \frac{\mathrm{d}\boldsymbol{\omega}}{\mathrm{d}t}\times\boldsymbol{R} \tag{7.8}$$

其中，$\boldsymbol{\omega}$ 为动坐标系相对于惯性坐标系的旋转角速度矢量。

由于在圆型限制性三体问题中，$\boldsymbol{\omega}$ 为定值，有$\dfrac{\mathrm{d}\boldsymbol{\omega}}{\mathrm{d}t}=0$，则可将式(7.8)的坐标转换关系代入式(7.4)，得到质心旋转坐标系 $Oxyz$ 中小天体 P 的运动方程

$$\ddot{\boldsymbol{r}} = -G\left(\frac{m_1}{R_1^3}\boldsymbol{R}_1 + \frac{m_2}{R_2^3}\boldsymbol{R}_2\right) - \boldsymbol{\omega}\times(\boldsymbol{\omega}\times\boldsymbol{R}) - 2\boldsymbol{\omega}\times\frac{\delta\boldsymbol{R}}{\mathrm{d}t} \tag{7.9}$$

引入位函数

$$U = G\left(\frac{m_1}{R_1} + \frac{m_2}{R_2}\right) + \frac{1}{2}\omega^2(x^2 + y^2) \tag{7.10}$$

则质心旋转坐标系 $Oxyz$ 下小天体 P 标量形式的运动方程为

$$\ddot{\boldsymbol{r}} + 2\omega\begin{bmatrix} -\dot{y} \\ \dot{x} \\ 0 \end{bmatrix} = \left(\frac{\partial U}{\partial \boldsymbol{r}}\right)^{\mathrm{T}} \tag{7.11}$$

7.1.3　雅可比积分

在方程(7.11)的两侧同时点乘 $\dot{\boldsymbol{r}}$，可得

$$\dot{x}\ddot{x} + \dot{y}\ddot{y} + \dot{z}\ddot{z} = \frac{\partial U}{\partial x}\dot{x} + \frac{\partial U}{\partial y}\dot{y} + \frac{\partial U}{\partial z}\dot{z} \tag{7.12}$$

对上式变形，得到

$$\begin{cases} \dfrac{1}{2}\dfrac{\mathrm{d}}{\mathrm{d}t}(v^2) = \dfrac{\mathrm{d}U}{\mathrm{d}t} \\ v^2 = \dot{x}^2 + \dot{y}^2 + \dot{z}^2 \end{cases} \tag{7.13}$$

对式(7.13)两侧积分，可得

$$2U - v^2 = C \tag{7.14}$$

此即质心旋转坐标系中的雅可比积分(Jacobi's integel)，这是到目前为止，在圆型限制

性三体问题中找到的唯一一个积分。

根据雅可比积分式(7.14),设小天体 P 的速度为 0,则有

$$2U(x,y,z)=C \tag{7.15}$$

显然,这是一个空间曲面方程,称为“零速度面”,小天体 P 在此曲面上的运动速度(质心旋转坐标系)为 0,积分常数由小天体 P 的初始位置速度确定。假设小天体 P 的初始位置为 (x_0,y_0,z_0),速度大小为 v_0,则积分常数 C 为

$$C=2U(x_0,y_0,z_0)-v_0^2 \tag{7.16}$$

对于已经确定的积分常数 C,有确定的零速度面。对于初始位置固定情况,随着初始速度的增加.积分常数 C 也随之发生变化。

很显然,零速度面将空间分为两个区域,即可以到达区域和不可到达区域,且随着小天体 P 初始速度的增加,不可到达区域越来越小。

7.2 拉格朗日点

根据现有研究结果表明,圆型限制性三体问题无法给出解析解,但该问题存在着特解。早在 1767 年,数学家欧拉根据旋转的二体引力场推算出圆型限制性三体问题的三个特解 L_1,L_2,L_3,1772 年数学家拉格朗日推算出另外两个特解 L_4,L_5。后来习惯上将这五个特解点都称为“拉格朗日点”(Lagrangian points),有时也称为“秤动点”(libration points)。

1906 年,天文学家发现了第 588 号小行星(在 L_4 点)同木星几乎在同一轨道上超前 60°运动,它们与太阳一起构成运动着的正三角形。同年发现的第 617 号小行星(在 L_5 点)也在木星轨道上落后 60°左右,构成第 2 个拉格朗日正三角形。20 世纪 80 年代,天文学家发现土星和它的大卫星构成的运动系统中也有类似的正三角形。人们进一步发现,在自然界的各种运动系统中,都有拉格朗日点。这些事实无可辩驳地证实了拉格朗日推理的正确性。

7.2.1 拉格朗日点的求解

已知质心旋转坐标系中小天体 P 的运动方程如式(7.11)所示。此方程的特解显然满足

$$\left(\frac{\partial U}{\partial \boldsymbol{r}}\right)^{\mathrm{T}}=0 \tag{7.17}$$

即

$$U_x=0,\quad U_y=0,\quad U_z=0 \tag{7.18}$$

上式展开后,可以得到

$$\begin{cases} x-\dfrac{(1-\mu)(x-\mu)}{r_1^3}-\dfrac{\mu(x+1-\mu)}{r_2^3}=0 \\ y\left(1-\dfrac{1-\mu}{r_1^3}-\dfrac{\mu}{r_2^3}\right)=0 \\ z\left(\dfrac{1-\mu}{r_1^3}+\dfrac{\mu}{r_2^3}\right)=0 \end{cases} \tag{7.19}$$

因为$\frac{1-\mu}{r_1^3}+\frac{\mu}{r_2^3}\neq 0$,因此$z=z_0=0$,即拉格朗日点处于$xy$平面上。在此基础上,方程(7.19)的解可分为两种情况。

(1) 第一种情况

$$\begin{cases}x-\frac{(1-\mu)(x-\mu)}{r_1^3}-\frac{\mu(x+1-\mu)}{r_2^3}=0\\ y=0\end{cases}\tag{7.20}$$

方程(7.20)有3个实解$x_1(\mu),x_2(\mu),x_3(\mu)$,对应解出的3个拉格朗日点位于$x$轴上,记作$L_1,L_2,L_3$,称为"直线拉格朗日点"(图7.2),分别位于$P_1P_2$之间、$P_1P_2$延长线上和$P_2P_1$延长线上。

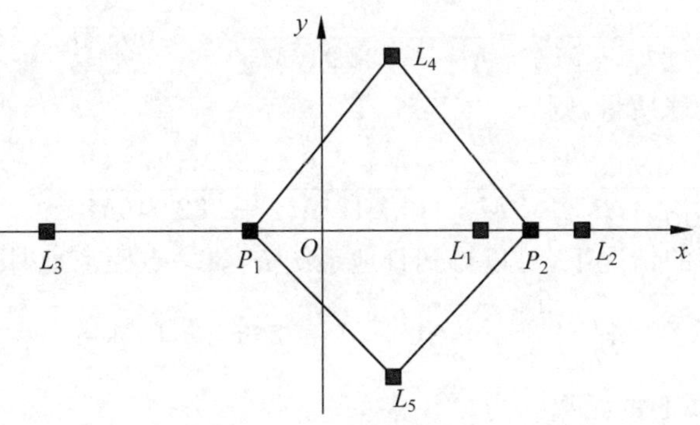

图7.2　拉格朗日点示意图

图7.2中,大天体P_2距离L_1的距离为

$$P_2L_1=\left(\frac{\mu}{3}\right)^{1/3}\left[1-\frac{1}{3}\left(\frac{\mu}{3}\right)^{1/3}-\frac{1}{9}\left(\frac{\mu}{3}\right)^{2/3}+\cdots\right]\tag{7.21}$$

大天体P_2距离L_2的距离为

$$P_2L_2=\left(\frac{\mu}{3}\right)^{1/3}\left[1+\frac{1}{3}\left(\frac{\mu}{3}\right)^{1/3}-\frac{1}{9}\left(\frac{\mu}{3}\right)^{2/3}-\cdots\right]\tag{7.22}$$

大天体P_1距离L_3的距离为

$$\begin{cases}P_1L_3=1-\nu\left[1+\frac{23}{84}\nu^2+\frac{23}{84}\nu^3+\frac{761}{2352}\nu^4+\frac{3163}{7056}\nu^5+\frac{30\,703}{49\,392}\nu^6\right]+O(\nu^8)\\ \nu=\frac{7}{12}\mu\end{cases}\tag{7.23}$$

相应的L_1,L_2,L_3在质心旋转坐标系中的坐标是

$$\begin{cases}x_1(\mu)=(1-\mu)r_{12}-P_2L_1\\ x_2(\mu)=(1-\mu)r_{12}+P_2L_2\\ x_3(\mu)=-\mu-P_1L_3\end{cases}\tag{7.24}$$

(2) 第二种情况

$$\begin{cases}x-\frac{(1-\mu)(x-\mu)}{r_1^3}-\frac{\mu(x+1-\mu)}{r_2^3}=0\\ y\neq 0,\quad \left(1-\frac{1-\mu}{r_1^3}-\frac{\mu}{r_2^3}\right)=0\end{cases}\tag{7.25}$$

对方程(7.25)求解,可获得两个解 L_4 和 L_5,这两个解对应的 $r_1=r_2=r_{12}$,表示对应的拉格朗日点与两个大天体呈等边三角形(图 7.2),因此这两个点也称为"等边三角形解"。这两个点在质心旋转坐标系中的坐标为

$$\begin{cases} x_4(\mu)=x_5(\mu)=\left(\dfrac{1}{2}-\mu\right)r_{12} \\ y_4=-y_5=\dfrac{\sqrt{3}}{2}r_{12} \end{cases} \tag{7.26}$$

拉格朗日点在质心旋转坐标系中的速度为 0,将拉格朗日点的坐标参数代入雅可比积分公式,可以得到拉格朗日点对应的雅可比积分常数。

对于日地系统,有

$$\mu=\frac{M_E}{M_E+M_\Theta}=\frac{M_E}{M_E+332\,946M_E}\approx 3.003\,48\times 10^{-6}$$

若进一步考虑月球质量,则

$$\mu=\frac{M_E+M_{MOON}}{M_E+M_{MOON}+M_\Theta}=\frac{M_E+0.0123M_E}{M_E+0.0123M_E+332\,946M_E}\approx 3.040\,42\times 10^{-6}$$

在取一阶近似解的情况下,可以得到日地系统 L_1,L_2 点距离地月系统中心的距离为

$$\left(\frac{\mu}{3}\right)^{1/3}\times 1\text{AU}\approx 1.502\,667\times 10^6\,\text{km}$$

L_3 点距离太阳质心的距离约为

$$\left(1-\frac{7}{12}\mu\right)\times 1\text{AU}\approx 1.495\,976\times 10^8\,\text{km}\approx 1\text{AU}$$

7.2.2 晕轨道

拉格朗日点对应于质心旋转坐标系中的 5 个不动点,位于该点上的小天体或航天器将随着两个大天体相互旋转,即做圆运动。

已经证明 3 个直线拉格朗日点是不稳定的,而关于另两个等边三角形解,证明其线性稳定很容易,结果是:当 $0\leqslant\mu<\mu_0$ 时,L_4 和 L_5 是稳定的,拉格朗日点附近的运动为周期运动。μ_0 为临界值,有

$$\mu_0=0.038\,520\,896\,5 \tag{7.27}$$

对于日地系统($\mu\approx 3.003\,48\times 10^{-6}$)和地月系统($\mu\approx 0.012\,15$),相应的 μ 值均小于临界值 μ_0,对应的 L_4 和 L_5 点也是稳定的。

位于三个直线拉格朗日点上的小天体或者航天器在直线拉格朗日点附近的运动有如下形式:

$$\begin{cases} \Delta x=C_1e^{d_1t}+C_2e^{-d_1t}+C_3\cos d_2t+C_4\sin d_2t \\ \Delta y=\alpha_1C_1e^{d_1t}-\alpha_1C_2e^{-d_1t}-\alpha_2C_3\sin d_2t+\alpha_2C_4\cos d_2t \\ \Delta z=C_5\cos d_3t+C_6\sin d_3t \end{cases} \tag{7.28}$$

其中,$C_1,\cdots,C_6$ 值为积分常数,由初始扰动($\Delta x_0,\Delta y_0,\Delta z_0,\Delta v_{x0},\Delta v_{y0},\Delta v_{z0}$)确定;$\alpha_1$ 由

下式确定：

$$
\begin{cases}
\alpha_1 = \dfrac{1}{2d_1}(d_1^2 - (1+2C_0)) \\
\alpha_2 = \dfrac{1}{2d_2}(d_2^2 + (1+2C_0)) \\
d_1 = \left[\dfrac{1}{2}(9C_0^2 - 8C_0)^{1/2} - \left(1 - \dfrac{C_0}{2}\right)\right]^{1/2} \\
d_2 = \left[\dfrac{1}{2}(9C_0^2 - 8C_0)^{1/2} + \left(1 - \dfrac{C_0}{2}\right)\right]^{1/2} \\
C_0 = \dfrac{1-\mu}{r_1^3} + \dfrac{\mu}{r_2^3}
\end{cases}
\tag{7.29}
$$

由式(7.28)可知，直线拉格朗日点上的小天体在 z 轴方向的运动相对独立，它对应一个简谐振动，即小天体不会远离 xy 平面。在 xy 平面内，小天体经小扰动后即会远离拉格朗日点，远离的快慢取决于 d_1 值的大小。对于地月系统，3 个直线拉格朗日点 L_1, L_2, L_3 的 d_1 值分别为 2.932 056，2.334 386 和 2.268 831，由该数值可知，L_1, L_2 点的不稳定性要比 L_3 点更强一些。也就是说 L_1, L_2 点附近的小天体要比 L_3 点附近的小天体的远离快得多。

虽然直线拉格朗日点是不稳定的，但可选取适当的初始扰动，使相应拉格朗日点附近的运动仍为周期运动或拟周期运动。如果选择特殊的初始位置和速度(即初始扰动)可以使 $C_1=0$，那么由式(7.28)可以看出，此时对应的是一个渐近稳定的轨道。而若初始条件同时满足 $C_1=0$ 和 $C_2=0$，且在质心旋转坐标系中小天体偏离直线拉格朗日点有一个初始位置小扰动 Δx_0 和 Δy_0，那么按下述条件加上一个速度小扰动：

$$
\begin{cases}
\Delta v_{x0} = d_2 \Delta y_0 / \alpha_2 \\
\Delta v_{y0} = -(\alpha_2 d_2)\Delta x_0
\end{cases}
\tag{7.30}
$$

则式(7.28)中 xy 平面上的运动方程可表示为

$$
\begin{cases}
\Delta x = \Delta x_0 \cos d_2 t + (\Delta y_0/\alpha_2)\sin d_2 t \\
\Delta y = (-\alpha_2 \Delta x_0)\sin d_2 t + \Delta y_0 \cos d_2 t
\end{cases}
\tag{7.31}
$$

经变换，小天体在 xy 平面上相对直线拉格朗日点的运动状态就可以写为一个椭圆曲线，即

$$
\begin{cases}
\dfrac{\Delta x^2}{A^2} + \dfrac{\Delta y^2}{B^2} = 1 \\
A^2 = \Delta x_0^2 + (\Delta y_0/\alpha_2)^2, \quad B^2 = \alpha_2^2 A^2
\end{cases}
\tag{7.32}
$$

由上式可知，若按照式(7.30)的条件，小天体就可以被保持在拉格朗日点附近而不远离，且该天体不仅在 xy 平面上是一个周期运动，而且在 z 方向也是一个周期振动。但是，由于两个频率因子一般不通约，因此其相对平动点的轨道实为一拟周期轨道，如果通约则为条件周期轨道。如果两个频率因子不通约，则小天体在空间运动的轨迹称为“利萨如轨道”(Lissajous orbit)；如果通约则称为“晕轨道”(Halo orbit)。图 7.3 给出的就是位于 L_1 点的日地系晕轨道，轨道半径在数万千米以上，轨道对地球的张角明显大于太阳圆盘的张角。

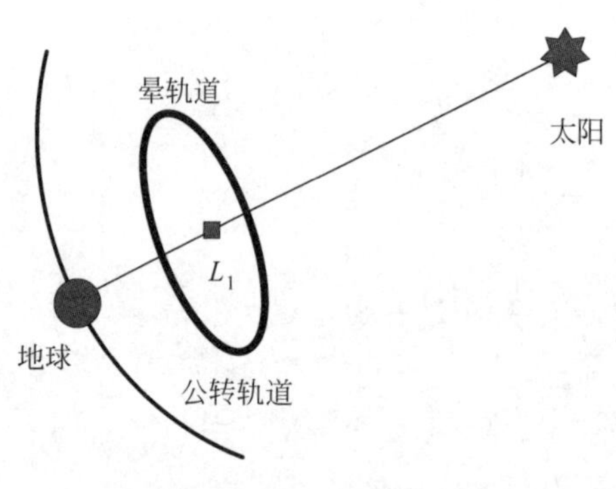

图 7.3　日地系的晕轨道

从地球上看，轨道好像太阳光晕那样围绕在太阳外面，小天体(探测器)是在太阳圆盘外面围绕太阳运行。

事实上，上述方程是在忽略掉高阶项后得到的结果。但可以证明，即使考虑高阶项，系统仍存在拟周期轨道和条件周期轨道，典型的如利用摄动法中的 Lindsted-Poincaré 方法，可以得到晕轨道的三阶近似解析解。当然，在实际的力学系统中，上述方法得到的三阶晕轨道仍是近似解，必须加以轨道控制。

7.2.3　拉格朗日点的应用

航天界对拉格朗日点的研究始于 1950 年，克拉克(Clarke)首先指出地月系 L_2 点是实现月球背面通讯和广播的理想位置。1978 年第一颗拉格朗日点卫星"国际日地探测卫星 3 号"发射成功，拉开了拉格朗日点开发利用的序幕。在拉格朗日点上，航天器消耗很少的推进剂即可长期环绕 L_2 点运行，是探测器、天体望远镜定位和观测太阳系的理想位置。随着科学家们对外太空探索热情的高涨，拉格朗日点已经成为观测太空天气、太空环境、宇宙起源等的最佳位置。科学家们运用拉格朗日点的特殊位置进行了一系列的太空探测活动。

2001 年，美国航宇局在肯尼迪航天中心发射了一个名为"威尔金森微波背景各向异性探测器"(WMAP)的仪器，它被发射到太空围绕 L_2 点运行，WMAP 装有一对背靠背的望远镜，可以源源不断地每天传送宇宙背景温度数据给地面的研究站。哈勃空间望远镜的"接班人"——詹姆斯·韦伯太空望远镜也将被放到第二拉格朗日点，主要在可见光和中红外波段上进行观测。在这个位置上，地球和太阳的引力相互抵消，望远镜相对于地球和太阳保持相对静止，仅需少量燃料就可维持运行。

2011 年 8 月 25 日 23 时 24 分，我国"嫦娥二号"卫星上的 4 台 10N 推力器准时点火，经过约 3 分钟工作，卫星受控进入距离地球约 150 万千米远的日地拉格朗日 L_2 点的环绕轨道。"嫦娥二号"将在此轨道环绕 L_2 点开展为期一年多的探测活动。我国成为世界上继欧空局和美国之后第三个造访 L_2 点的国家和组织。"嫦娥二号"的这次飞行是我国首次飞出地球引力作用范围的深空探测任务，对我国的深空探测器系统和深空测控能力进行了首次实测检验。

7.3 引力作用球

引力作用球是指在多个天体系统中，某个天体的引力起主导作用的范围。该范围的边界近似于以该天体为中心的球面，超出此球面的空间，将由其他天体的引力起主导作用。引力作用球的确定有两种方法，即引力相等法和摄动力相等法。

7.3.1 引力相等法确定的引力作用球

假设某探测器的质量为 $m(m \ll M, m \ll M')$，同时受到两个天体 M 和 $M'(M < M')$ 的万有引力作用，如图 7.4 所示。由于 $M < M'$，在确定引力作用球时，可以大质量天体 M' 为主，即在一个范围内，以小质量天体 M 的引力为主，出了这个范围后，则以大质量天体 M' 的引力为主。

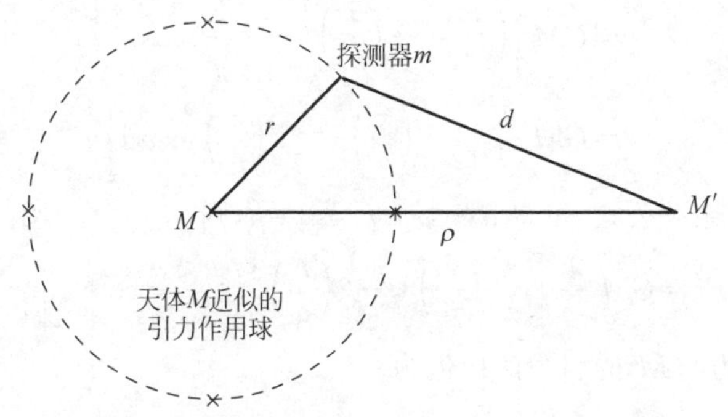

图 7.4　探测器 m 与两个天体 M 和 M' 之间的关系

假设在图 7.4 中，探测器处于引力作用球的边界上，则该探测器受到两个天体 M 和 M' 的引力相等，即

$$\frac{GM'}{d^2} = \frac{GM}{r^2} \tag{7.33}$$

其中，G 为万有引力常数。

若两个天体 M 和 M' 分别为地球与太阳，则图 7.4 中的 ρ 为日地平均距离，由于 $r \ll \rho$，可以认为 d 近似等于 ρ。则由式(7.33)可确定地球引力的作用范围为

$$r = \rho\left(\frac{M_{\mathrm{E}}}{M_{\Theta}}\right)^{1/2} = 25.7 \times 10^4\,\mathrm{km} \tag{7.34}$$

7.3.2 摄动力相等法确定的引力作用球

摄动力相等法以影响探测器运动因素的主次来划分空间。同样，假设某探测器的质量为 $m(m \ll M, m \ll M')$，同时受到两个天体 M 和 $M'(M < M')$ 的万有引力作用。摄动力相等的方法确定的引力作用球的半径满足下式：

$$\frac{\Delta F'}{F'} = \frac{\Delta F}{F} \tag{7.35}$$

其中，F 和 F' 分别为两个天体 M 和 M' 对探测器 m 的万有引力；若将 M' 对 m 的引力当成 m 绕天体 M 运行的第三体摄动，则摄动力为 ΔF；同样，若将 M 对 m 的引力当成 m 绕天体 M' 运行的第三体摄动，则摄动力为 $\Delta F'$。

利用摄动力相等的方法确定引力作用球的步骤如下：

第一步，将 M 作为摄动体，得到 m 相对于 M' 运动的动力学方程：

$$\ddot{\boldsymbol{d}} = -\frac{G(m+M')}{d^3}\boldsymbol{d} - GM'\left(\frac{\boldsymbol{r}}{r^3}+\frac{\boldsymbol{\rho}}{\rho^3}\right) \tag{7.36}$$

其中，m 与 M' 之间的相互引力为

$$F' = \frac{G(m+M')}{d^2} \tag{7.37}$$

设 $\alpha=\angle mM'M$，$\theta=\angle mMM'$，则 M 造成的摄动力为

$$\begin{aligned}\Delta F' &= GM\left|\frac{\boldsymbol{r}}{r^3}+\frac{\boldsymbol{\rho}}{\rho^3}\right| \\ &= GM\left[\left(\frac{1}{r^2}\right)^2+\left(\frac{1}{\rho^2}\right)^2-\frac{2}{r^2\rho^2}\cos\theta\right]^{1/2} \\ &= GM\frac{1}{r^2}\left[1+\left(\frac{r}{\rho}\right)^4-2\left(\frac{r}{\rho}\right)^2\cos\theta\right]^{1/2}\end{aligned} \tag{7.38}$$

根据三角形的正余弦公式，可得 $d\cos\alpha + r\cos\theta=\rho$，则

$$\Delta F' = GM\frac{1}{r^2}\left[1+\left(\frac{r}{\rho}\right)^4-2\left(\frac{r}{\rho}\right)^2\left(1-\frac{d}{\rho}\cos\alpha\right)\right]^{1/2} \tag{7.39}$$

于是得到 M 的摄动力与 M' 的引力的比值为

$$\frac{\Delta F'}{F'} = \frac{M}{M'+m}\left(\frac{d}{r}\right)^2\left[1+\left(\frac{r}{\rho}\right)^4-2\left(\frac{r}{\rho}\right)^2\left(1-\frac{d}{\rho}\cos\alpha\right)\right]^{1/2} \tag{7.40}$$

第二步，类似地，将 M' 作为摄动体，摄动项为 ΔF，引力项为 F，经变换得到摄动力与 M 的引力的比值为

$$\frac{\Delta F}{F} = \frac{M'}{M+m}\left(\frac{\rho}{d}\right)^2\left[1+\left(\frac{d}{\rho}\right)^4-2\left(\frac{d}{\rho}\right)^2\cos\alpha\right]^{1/2}\cdot\left[1+\left(\frac{d}{\rho}\right)^2-2\frac{d}{\rho}\cos\alpha\right] \tag{7.41}$$

第三步，根据摄动力相等条件下引力作用球的定义，得到较小天体 M 的引力作用球的半径，以符号 R 表示。

令 $\Delta F'/F'=\Delta F/F$，忽略 m/M，m/M' 两个小量，得到

$$\left(\frac{R}{\rho}\right)^4 = \mu^2\left(\frac{r}{\rho}\right)^4\left[1+\left(\frac{R}{\rho}\right)^4-2\left(\frac{R}{\rho}\right)^2\cos\alpha\right]^{1/2}\cdot\left[1+\left(\frac{r}{\rho}\right)^4-2\frac{r}{\rho}\left(1-\frac{r}{\rho}\cos\alpha\right)\right]^{-1/2} \tag{7.42}$$

对上述高次方程进行求解，可以得到近似的计算结果，即

$$R \approx \rho\mu^{\frac{2}{5}}(1+3\cos^2\alpha)^{-\frac{1}{10}} \tag{7.43}$$

其中，$\mu=\dfrac{M'}{M}$为质量比。

根据上式，可以得到引力作用球半径 R 与 ρ，M，M'，α 有关。由于

$$1 \leqslant (1+3\cos^2\alpha)^{\frac{1}{10}} \leqslant 1.5 \tag{7.44}$$

取 R 的最大值作为引力作用球半径，则式(7.43)可变换为

$$R \approx \rho\mu^{\frac{2}{5}} \tag{7.45}$$

基于上式，在日地系统中，可以确定地球的引力作用球半径为 9.3×10^5 km，远大于引力相等法确定的 25.7×10^4 km。

在月地系统中，$\mu=0.012\,300\,034$，月地距为 3.8×10^5 km。根据上述定义，可以得在到月地系统中，月球的引力作用球半径为 6.62×10^4 km。

第 8 章

月球探测轨道

月球是地球唯一的自然卫星，也是距离地球最近的自然天体，因此，人类向太空探索的第一步自然是月球。本章将简要介绍月球探测轨道设计的基本原理和方法。

8.1 坐标系定义

为进行月球探测轨道设计，需要构建以地心和月心为原点的坐标系。

8.1.1 地心坐标系

在月球探测轨道设计中，除第1章介绍过的地心惯性坐标系外，还经常会用到地心黄道坐标系。

地心黄道坐标系的定义如图8.1所示。坐标原点位于地心，参考平面为黄道面，Z 轴方向指向黄道面的法线方向，X 轴指向春分点方向，Y 轴根据右手定则确定。

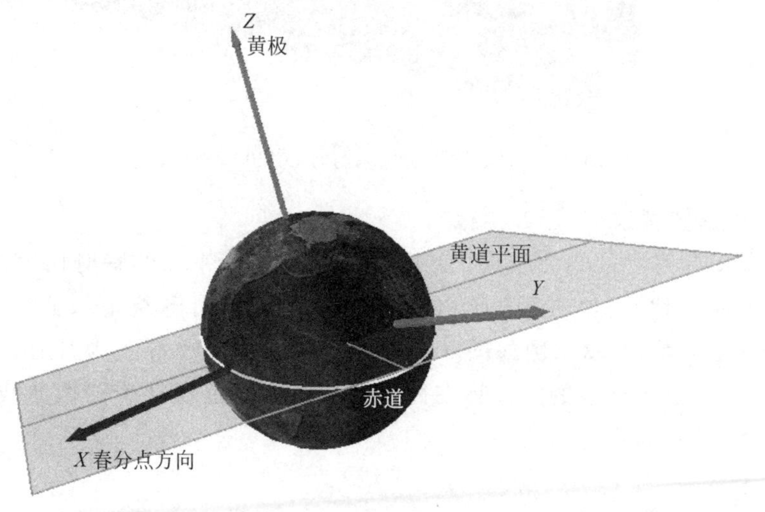

图8.1 地心黄道坐标系

8.1.2 月心坐标系

典型的月心坐标系有：

(1) 月心固连坐标系(moon centered fixed coordinate,MCF)

与地心固连坐标系类似,坐标原点位于月心,参考平面为月球真赤道面,X 轴通过月面上的中央湾(Sinus Medii),Z 轴沿月球自转方向指向北极,Y 轴与之构成正交系。

(2) 月心 J2000 坐标系

该坐标系依据国际天文联合会(International Astronomical Union,IAU)标准制定,坐标原点位于月心,Z 轴指向月球在 J2000 历元的北极方向,X 轴指向 J2000 平赤道面与垂直于 Z 轴平面的交线,Y 轴与之构成正交系。

月心固连坐标系与月心 J2000 坐标系的示意如图 8.2 所示。

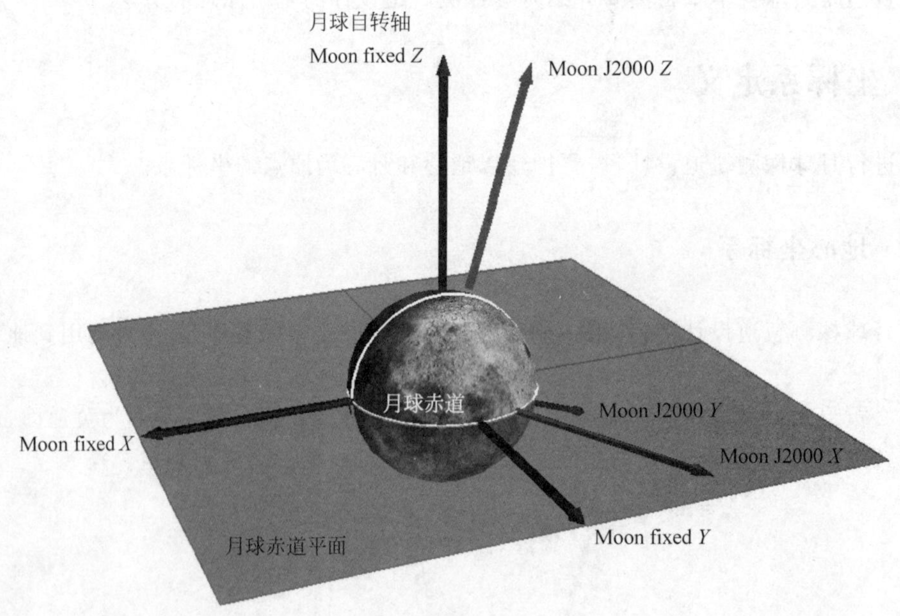

图 8.2 月心固连坐标系与月心 J2000 坐标系

(3) 月心白道坐标系

月心白道坐标系以月心为原点,参考平面为某一时刻 t_0 的瞬时白道面,X 轴在这一瞬时由月心指向地心,Z 轴垂直于白道面,指向该时刻月球绕地球公转动量矩方向,Y 轴与之构成正交系,其示意图如图 8.3 所示。地心白道坐标系为月心白道坐标系平移至地心后所得,该坐标系的定义旨在简化初始返回轨道设计中圆锥曲线拼接模型的坐标变化过程,使计算更加简洁。

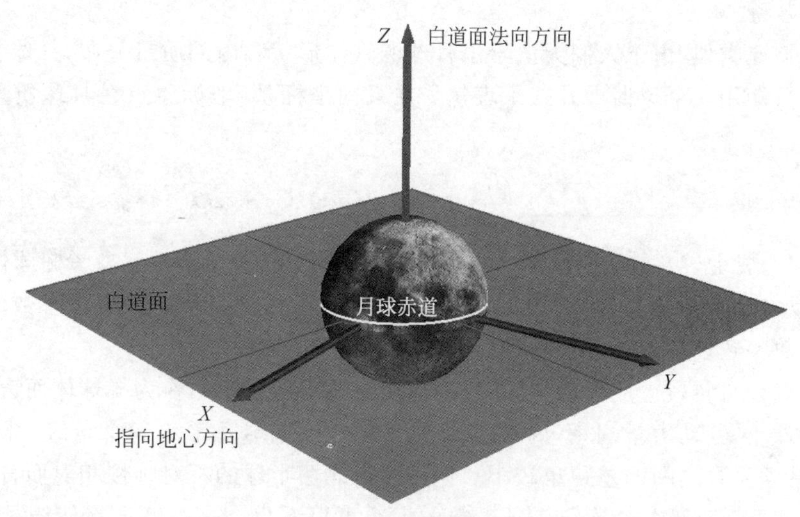

图 8.3 月心白道坐标系

8.2 月球的运动

8.2.1 月球的形状与引力场

月球是地球唯一的自然卫星，在太阳系内所有的行星—卫星系统中，地球与月球构成的地月系(一起围绕太阳运动)有突出的特点，那就是月球与它的主星地球比较，相对质量和相对体积都是最大的，可以认为地球和月球组成了一个“双行星”。

(1) 月球的形状

与地球类似，月球也不是标准的球体，可以近似地用一个三轴椭球体去拟合。根据现代测量的结果，月球参考椭球体的赤道半径为 1738km，相当于地球赤道半径的 3/11。若将赤道两轴和极轴分别记作 a，b，c，则有

$$\begin{cases} a-b=0.31\text{km} \\ a-c=1.09\text{km} \end{cases} \tag{8.1}$$

由此可知，月球相对地球而言更接近球形。按体积而言，月球约为地球的 2%。

(2) 质量和密度

天文学家测得的地月系质心在地球体内距地心 0.7323 倍地球赤道半径(约 4671km)处，相应地可以计算获得月球的质量为 7.35×10^{22}kg。

由月球的质量可知，月球的平均密度为 3.34g/cm^3，只有地球平均密度的 60%；其表面重力加速度为 1.623m/s^2，约为地球的 1/6。

由于月球质量小，脱离月球的逃逸速度比地球上的逃逸速度小得多，只有 2.38km/s，这个速度远小于气体分子在月面高温下的热运动速度，因此气体能轻易地从月球表面逃逸。登月考察证实，月球上几乎没有大气，只有极微量的氦和氢原子，其大气密度为地球表面大气密度的 10^{-12} 倍。

(3) 引力场

与地球情况类似，由于人们无法给出月球的具体形状和内部质量分布，月球引力场的数学模型同样只能用一个球谐展开式来表达。在月固坐标系(坐标原点在月球质量中心)中，这一形式为

$$V_{\mathrm{NSE}}=\frac{GM}{r}\left[1+\sum_{n=2}^{\infty}\sum_{k=0}^{n}\left(\frac{R_{\mathrm{M}}}{r}\right)^{n}\bar{P}_{nk}(\sin\varphi)(\bar{C}_{nk}\cos k\lambda+\bar{S}_{nk}\sin k\lambda)\right] \tag{8.2}$$

其中，G 是引力常数，M 是月球质量，GM 为月心引力常数，R_{M} 是月球参考椭球体的赤道半径；r,λ,φ 为空间点在月固系中的球坐标分量的月心距、经度和纬度；其余参数的含义与地球引力场函数一致。

由于月球是自转较慢的弹性体，相对地球而言，更接近球形，作为椭球体而言，它的扁率显然要比地球小，其动力学扁率 J_2 的量级是 10^{-4}，比地球几乎小一个量级。除扁率小之外，其他球谐项系数之间的差距也较小。但月球南北两半球的不对称性相对而言比地球大，这从反映南北非对称性的奇次带谐项系数的大小可以看出。这些特征将使绕月轨道器，特别是低月轨道器，在月球非球形引力摄动下(包括田谐项的影响)的轨道变化特征与人造地球卫星有明显的差别。

此外，月球引力场还有一个特征，经重力测量发现，在一些月海盆地内有重力异常，称为“质量瘤”，它反映为在非球形引力位短波项(即高阶次项)系数中有些起伏。其形成的原因有外因说和内因说两种。外因说认为质量瘤是由一些密度比初始月壳的密度大的小天体坠落在月表面形成的，而内因说则认为质量瘤是月球自身演化的一种产物。

8.2.2 月球的质心运动

月球绕地球做轨道运动，月球轨道运动的平面称为“白道面”，将月球轨道面扩大和天球相交的大圆称为“白道”。白道、黄道和地球赤道在地心天球中的相互关系如图 8.4 所示。图 8.4 中，γ 为春分点；ε 为黄赤交角；i_{L} 为白道面与黄道面所成的二面角。

月球绕地球的运动轨道可用轨道根数描述，由于地月系统的特殊性，一般月球轨道的轨道根数描述以地心黄道坐标系为基准。

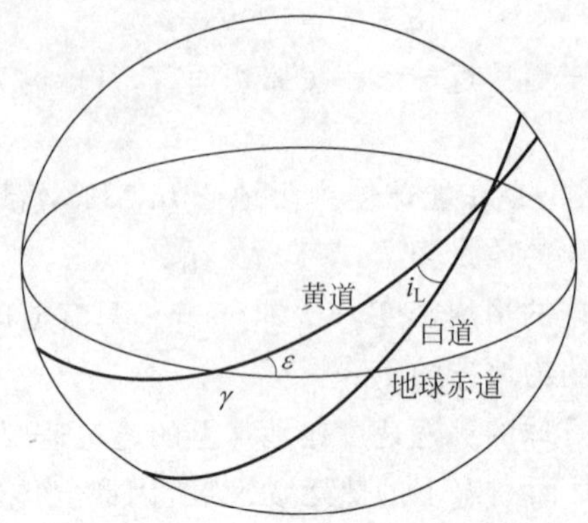

图 8.4　白道、黄道和地球赤道之间的相互关系

在地心平黄道坐标系中月球轨道运动的主要平均轨道根数为

- 轨道长半轴：a_L=384 747.981km
- 轨道偏心率：e_L=0.054 879 905
- 轨道倾角：i_L=5.129 835 017°

其中，轨道周期的平均长度为 27.321 66 平太阳日。

月球轨道运动的主要摄动来源于月球非球形、太阳引力摄动、其他行星摄动和地球潮汐摄动等，其中最大的为太阳引力摄动。在太阳系的小天体运动中，通常摄动加速度与中心引力加速度比值的量级不超过 10^{-3}。而对于月球轨道，其最大的摄动项来自太阳引力摄动，该项摄动与地球中心引力之间比值的量级达到 2×10^{-2}，因此，月球绕地球的运动是一个强摄系统。各种摄动项对月球轨道参数的影响主要体现在：

- 长半轴的变化：由于摄动作用，长半轴的变化可达 2700km。
- 偏心率的变化：由于摄动作用，每隔 31.8 天就会出现小的周期变化，变化在 1/15～1/23 的范围内。
- 轨道倾角的变化：由于摄动作用，轨道倾角的实际值在 4°57′～5°19′变动。
- 近地点运动：近地点沿月球公转方向运动，每 8.85 年运动一周。
- 交点西退：升交点在空间的位置不是固定的，而是不断沿黄道向西退行，每年西退 19°21′，每 18.6 年运动一周。
- 白道面与地球赤道面间夹角的变化：由于交点西退引起白道与地球赤道的夹角发生变化。当升交点与春分点重合时，白道与地球赤道之间的夹角达到最大值 23°27′+5°09′=28°36′。当降交点与春分点重合时，白道面与地球赤道面之间的夹角达到最小值 23°27′−5°09′=18°28′。白道面与地球赤道面间的夹角在 18°28′～28°36′变化，变化周期是 18.6 年。

8.2.3 月球自转

月球的自转可用卡西尼定律(Cassini's Laws)来描述。

第一条：月球的自转轴垂直于月球赤道，旋转周期等于月球绕地球公转的恒星月平均长度。

第二条：月球赤道相对于黄道的倾角 i_m 为常数，值为 1°32′。

第三条：月球赤道面、黄道面和白道三者交于同一条线，且黄道面位于中间(图 8.5)。白道相对于黄道的降交点与月球赤道相对于黄道的升交点重合。因白道和黄道之间的夹角(即轨道倾角 i_L)为常数，所以，月球赤道面和白道的夹角也为常数，其值为 6°41′。

月球的自转角速度为 13.2°/天，月球的自转周期与公转周期相等，均为 27.321 66 平太阳日，这使得月球总是一面朝向地球，也就是说，在地球上永远也不能看到月球的另一面。

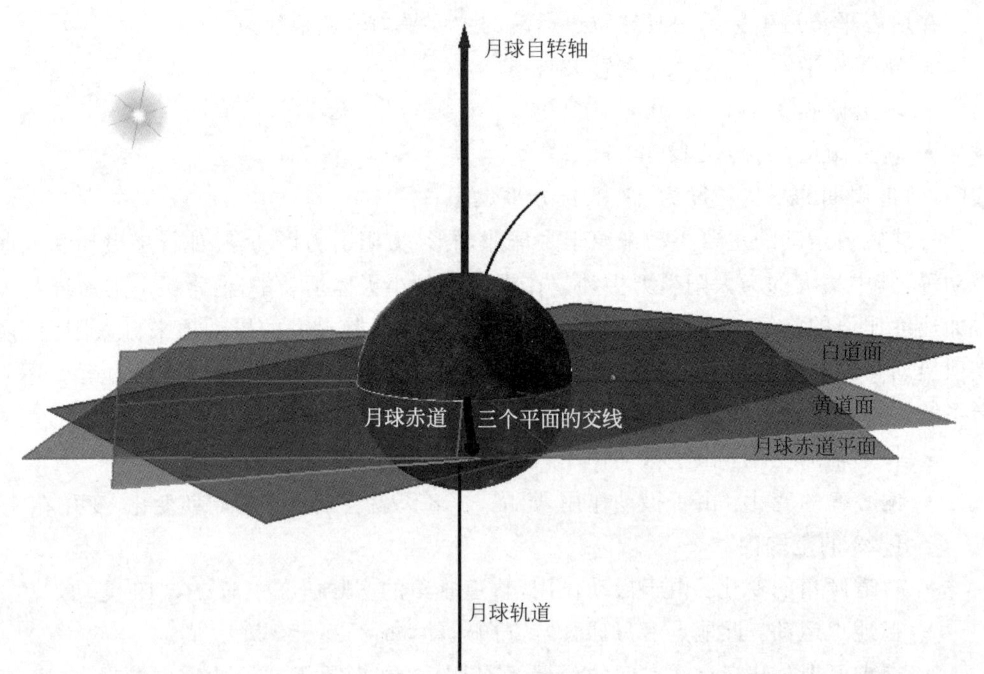

图 8.5　月球赤道面、黄道面和白道面之间的关系(后附彩图)

8.3　月球探测轨道设计

8.3.1　月球探测轨道的分段

月球探测器在地月空间运动时,按其轨道在空间的位置,其全轨道一般包括以下 3 部分,即

- 近地停泊轨道为绕地球的运行轨道,与地球卫星的运动无差别。
- 地月间运行轨道包括地月转移轨道和月地转移轨道,其中地月转移轨道是指从停泊轨道上进行变轨,经轨道调整和转移变轨后进入地月间的飞行段,月地转移轨道的过程则相反。
- 绕月飞行轨道指月球探测器到达月球附近后进行制动,转入绕月飞行段,成为月球卫星或者进行月球着陆的整个飞行过程。

在上述 3 个飞行阶段中,近地停泊轨道的设计可参照绕地球飞行的航天器的一般运行规律进行；绕月飞行轨道涉及的力学系统,与地球卫星的运动类似,即对应一个受摄二体问题,只是中心天体改为月球。但是,此时需要注意的是月球引力场以及月球探测器所受的摄动与地球卫星有较大区别；对于地月间运行轨道,此时对应的运动问题为限制性三体(或四体)问题,即探测器和几个大天体构成一个 N 体力学系统。

各个阶段的轨道类型与探测器的推力器配置方式以及轨道控制技术水平有很大关系。若探测器只能提供小推力的方式,则必须经过长时间、多圈调相逐步实现轨道转移,这种情况一般适用于无人、长时间的深空月球探测任务；而当探测器能够提供大推力、强变轨能力时，则可以在短时间内经过较少的圈数实现轨道转移，这种情况一般用于载人探月或需要快速探月的任务。轨道控制技术水平的高低同样也影响着探月轨道类型的选择，一般来讲，在轨道控制技术水平不是特别成熟时，为了保证探月任务的顺利实施，无人探测器会选择多圈调相轨道，通过逐步抬高轨道的高度实施探月活动。这样虽然时间较长，但同时也可以有充分的时间对出现的轨道偏差进行及时修正、调整。

8.3.2　月球探测轨道设计约束条件

地月转移轨道的设计主要考虑如下两个方面的约束。

(1) 轨道面方向约束

白道面与地球赤道面间夹角在 18°28′～28°36′变化，变化周期为 18.6 年。由于轨道倾角的限制，在一般情况下，地球停泊轨道面不与白道面重合。对轨道面进行机动，可使地月转移轨道面重合于白道面，即地月转移轨道面与白道面共面。但是，这种方案需要的能量较大，工程实现较难，一般不被采用。目前，工程上采用地月转移轨道与地球停泊轨道共面的方案，即地月转移轨道与白道非共面。这也决定了地月转移轨道加速方向在地球停泊轨道面内。

(2) 能量约束

就月球探测发射轨道设计而言，提高运载能力是最重要的设计优化指标。有关的航天动力学研究和轨道数值计算已经得出结论，与双曲线和抛物线奔月转移轨道相比，采用大偏心率椭圆奔月转移轨道更节约能量。因此，除了早期的月球探测任务外，大部分月球探测器都采用大椭圆奔月转移轨道。在采用双曲线或抛物线奔月转移轨道的探测器时，一旦没能与月球交会，就会飞离地月系统，成为太阳系的人造行星；而在采用大椭圆转移轨道时，若探测器没能与月球交会，就将在地球引力的作用下飞向地球。

对于绕月飞行段，其轨道设计的约束主要是绕月飞行任务约束。绕月飞行任务决定了绕月飞行轨道的轨道根数，主要包括轨道倾角和轨道高度。其典型有：如果想要对地面进行精密成像，就需要将绕月轨道的高度设置的尽量小；如果希望对月球两极进行成像，则需要将轨道倾角设置在 90°附近。

此外，在设计月球探测器轨道时还需要考虑测控、光照等其他约束条件。

8.3.3　地月转移轨道设计

要精确地计算地月飞行轨道是十分复杂的工作，就需要考虑地球、月球、太阳的引力，以及其他的多项摄动。计算表明，月球扁率以及其他行星对地月轨道的摄动影响都是很小的。因此，地月转移轨道的设计可以等效为日地月和探测器构成的四体问题。若进一步略去太阳的摄动，并认为月球轨道为圆形，那么地月飞行就变成圆型限制性三体问题。目前仍没有有效的解析方法来求解圆型限制性三体问题，需要应用数值积分方法进行求解。

实际上，在进行轨道设计的初期，可采用轨道拼接的方法，典型的有双二体轨道设计方法(也称“拼凑圆锥截线法”)。双二体轨道设计方法假设探测器在地月引力场内运动，略去其他天体引力对探测器运动的影响，且认为

- 月球绕地心作匀速圆周运动，地月平均距离为 3.8×10^5km；
- 当探测器在月球影响球之外时，只受地球中心引力的作用，其轨迹为地心圆锥曲线；
- 当探测器在月球影响球之内时，只受月球中心引力的作用，其轨迹为月心圆锥曲线；
- 当探测器轨道在月球影响球的边界点时，会将两条圆锥曲线拼接成完整的运动轨迹，即将相对于地心的位置和速度换算为相对于月心的位置和速度，此交点称为“拼接点”。

在双二体轨道设计中，通常由地球飞往月球的地月转移轨道是椭圆轨道，如图 8.6 所示，该椭圆轨道与月球的影响球交于 Q 点。

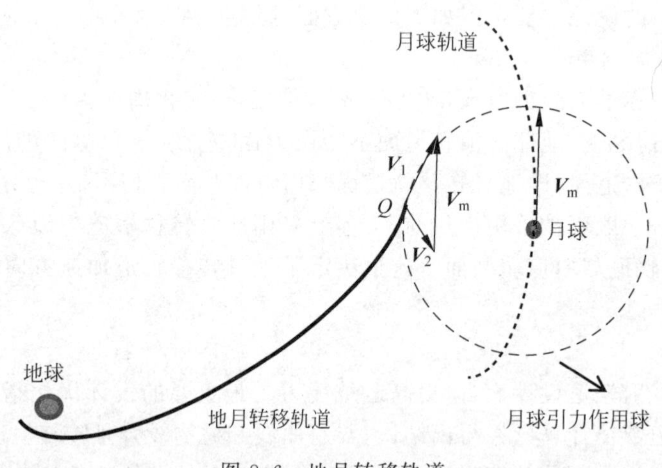

图 8.6 地月转移轨道

在 Q 点，探测器相对于地心赤道坐标系的速度为 $\boldsymbol{V}_1$，此时月球绕地球运行的速度为 $\boldsymbol{V}_{\rm m}$，则探测器在月心坐标系中相对于月心的速度为 $\boldsymbol{V}_2=\boldsymbol{V}_1-\boldsymbol{V}_{\rm m}$。此时，探测器与月球构成二体问题，根据月球引力场的特性，以 $\boldsymbol{V}_2$ 飞行的月球探测器将沿双曲线轨道飞离月球，因此，还需要对探测器进行近月制动，才能够确保探测器进入环月运动轨道。

利用双二体轨道设计方法获得的地月转移轨道就可以作为利用数值积分方法求解圆型限制性三体问题的初值，从而进行地月转移轨道的精确设计。

8.3.4 环月轨道设计

环月轨道的设计方法与绕地球运动的近地轨道设计方法类似，但是，由于月球引力场的性质与地球引力场有差别，在分析环月探测器轨道摄动时不能完全照搬地球卫星运动理论中的方法。与地球卫星轨道相比，环月探测器受摄运动轨道的主要特点为轨道偏心率 e 的长周期变化，且其轨道偏心率的变化可能导致探测器近月点高度不断降低，从而撞上月球结束其轨道寿命。

低轨(一般小于 200km)和高轨的环月探测器轨道都会出现大变幅的轨道偏心率 e 的长周期变化，但两种轨道稍有差别。低轨月球探测器是由于月球南北半球不对称导致轨道偏心率有较大幅的变化，且这种影响会随着环月轨道高度的增加而减弱。但是，随着环月轨道高度的增加，第三体(如地球)引力摄动的影响在不断增强，甚至当轨道月心距等于两倍的月球半径时，第三体引力摄动效应会增大近一个量级。所以，对于高轨月球探测器，其轨道

偏心率 e 的长周期变化是第三体引力作用导致的现象。

对于低轨的环月探测器，偏心率长期项的变幅主要取决于月球引力奇次带谐项系数 $J_{2l-1}(l\geqslant 2)$ 与 J_2 的相对大小以及倾角函数 $F^*(i)$。由于需要对月球进行近距离探测的低轨卫星，其目标轨道的偏心率均不会太大，如 $e<0.1$。那么，偶次带谐项的影响将明显小于奇次带谐项的影响，两者之间可相差一个量级，而从月球引力场模型的球谐项系数可知，相应田谐项的系数也比奇次带谐项系数小一个量级。故对分析低轨月球卫星轨道偏心率 e 的变化特征而言，只需重点考虑月球非球形摄动中的奇次带谐项摄动部分即可。消除短周期变化，且略去 e^2 项，可以得到

$$\frac{\mathrm{d}e}{\mathrm{d}t}=\sin i\sum_{l(2)\geqslant 3}(-1)^{(l-1)/2}\left(\frac{1}{2}\right)(l-1)(J_l/a_0^l)F^*(i)(n\cos\omega) \tag{8.3}$$

其中，i 为月球探测器轨道倾角；a_0 对应 t_0 时刻的探测器长半轴。

$$\begin{cases}F^*(i)=\displaystyle\sum_{q=0}^{(l-1)/2}(-1)^q\left(\frac{1}{2}\right)^{(1+2q)}C_{lpq}^*(\sin^2 i)^q\\ C_{lpq}^*=\begin{pmatrix}l\\(l-1)/2-q\end{pmatrix}\begin{pmatrix}l+2q+1\\l\end{pmatrix}\begin{pmatrix}2q+1\\q\end{pmatrix}\end{cases} \tag{8.4}$$

式(8.3)中的 $l(2)$ 表示取值“步长”为 2，即 $l(2)=3,5,\cdots$；ω 为月球探测器近月点幅角，如果仅取其由 J_2 项给出的二阶(一阶不存在)的影响，则有

$$\omega=\bar{\omega}_0+\frac{3J_2}{2a_0^2}n\left(2-\frac{5}{2}\sin^2 i\right) \tag{8.5}$$

其中，$\bar{\omega}_0$ 为 t_0 时刻探测器平均轨道根数中的近月点幅角；n 为月球探测器运行平均角速度。

对式(8.3)进行分析，可以得到当 $i=0°,28°,50°,77°,85°$ 时，对应 $|\Delta e|$ 有“稳定区”，即 $|\Delta e|$ 很小。在稳定区，低轨探测器的轨道寿命应很长；否则，低轨探测器的轨道寿命应很短。

第9章

空间特殊轨道

进入21世纪以来，人类的各种太空活动不断深入，尤其是天基空间目标监视、在轨服务等新型空间任务的出现，对航天器轨道以及相应的设计方法提出了新的需求。本章将概要性地介绍几种典型的空间特殊轨道，详细的设计方法参见《空间特殊轨道理论与设计方法》(张雅声著，国防工业出版社，2015)。

9.1 空间特殊轨道的概念

空间特殊轨道是相对于目前广泛应用的空间典型轨道提出的。与典型轨道相比，空间特殊轨道的特殊性体现在以下3个方面。

(1) 轨道设计理念的差异

轨道设计理念的差异主要体现在：航天发展早期，航天器主要是为了满足对地覆盖的需求。因此，航天器轨道设计重点关注的是航天器与地面区域之间的相对运动，采用的方法是以地球为参照物的绝对轨道设计方法。当前，航天任务向着更远、更细等方向不断发展，空间目标监视、在轨服务以及行星际飞行等成为现代航天需要解决的问题，此时航天器轨道设计关注的重点就不再只是航天器与地面点的相对运动，而是航天器与航天器、航天器与多个天体之间的相对运动，这使得航天器轨道设计的初始理念发生了根本性转变。

(2) 轨道控制与轨道设计相耦合

在传统航天器轨道设计中，轨道控制主要用于完成初始轨道与目标轨道之间的切换，这是一个中间状态，并不是轨道的最终状态；而在空间特殊轨道设计时，得益于动力技术和轨道控制技术的发展，部分轨道将轨道控制作为轨道设计的一部分，也就是说，空间特殊轨道可能本身就是一种受控运行的轨道。

(3) 满足特殊的空间应用需求

空间特殊轨道与传统的典型轨道相比有很大不同，它面向的应用领域更加精细，更具有针对性。如我国“天宫二号”释放出的“伴星二号”，它的主要应用目的就是对“天宫二号”和“神舟十一号”的组合体进行拍摄，运动轨迹为典型的螺旋型。

目前已经出现的或者已经进行了理论研究的空间特殊轨道及其应用领域见表9.1。

表 9.1　空间特殊轨道及其应用领域

序号	轨道名称	描　述	应用领域
1	悬停轨道	悬停航天器与目标航天器的相对位置保持不变或仅在一个极小范围内运动的相对运动轨道	空间目标状态检测、在轨维修等
2	巡游轨道	利用该方法设计的航天器能够以螺旋方式巡游在目标轨道附近	天基空间目标监视
3	多目标交会轨道	基于穿越点的概念提出，能够以较小的能量实现空间多个非共面目标的轨道交会	天基空间目标监视、在轨服务
4	主动接近轨道	针对在轨合作或非合作目标的快速或慢速接近轨道	在轨服务
6	快速响应轨道	满足快速响应任务的轨道	对地侦察、通信等快速响应任务
7	极地驻留轨道	极地驻留轨道上运行的航天器位于地球的自转轴上，从空间上看相当于驻留在地球的南极或者北极上空	对地球两极的连续覆盖，如导航、气象探测等

9.2　典型的空间特殊轨道

本节主要介绍 4 种典型的空间特殊轨道，即悬停轨道、基于穿越点的多目标交会轨道、快速响应轨道和极地驻留轨道。

9.2.1　悬停轨道

所谓悬停，就是指悬停航天器相对于目标航天器的位置在空间始终保持不变。因此，悬停轨道实质上是指在目标航天器的轨道坐标系中，使得悬停航天器相对于目标航天器的相对位置保持不变或保持在一个较小的范围内变化的轨道，其相对位置为常值（根据任务要求而定），相对速度为 0，相对加速度也为 0，如图 9.1 所示。

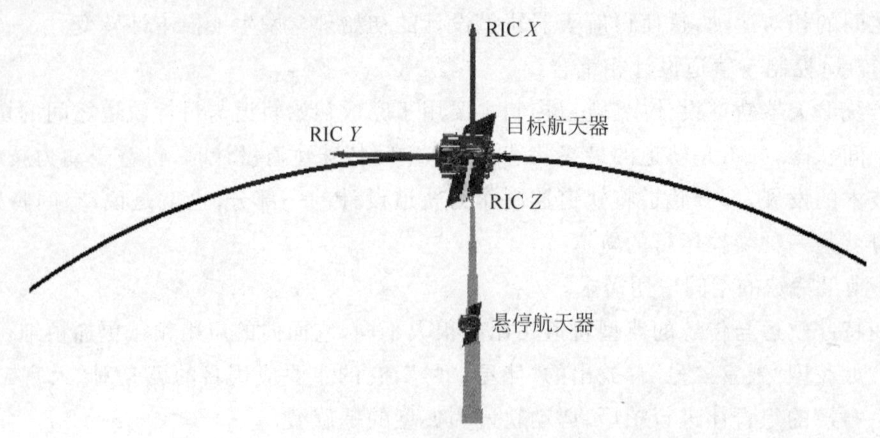

图 9.1　悬停轨道示意图

根据航天器轨道动力学原理，要使悬停航天器相对于目标航天器在一段时间内保持"相对悬停"，就必须对悬停航天器施加主动控制力和控制力矩。因此，悬停轨道设计的核心在于通过轨道控制，使悬停航天器能够悬停在目标轨道坐标系中的某个特定点或者是特定区域，从而实现在空间高速运动的状态下与目标航天器的相对位置和方位的保持。

只要控制就要消耗能量，所以悬停轨道的应用是受限的，在一般情况下，可以认为悬停轨道控制需要的速度增量与悬停航天器的速度大小以及悬停距离(悬停航天器与目标航天器之间的距离)成正比关系。因此，悬停轨道主要应用于高轨、近距离(相对于目标航天器)的短时间控制，完成的任务主要包括空间目标状态检测、在轨维修、在轨加注等。

9.2.2　基于穿越点的多目标交会轨道

根据开普勒第一定律可知，每个绕地飞行的航天器运行轨道都在一个过地心的平面内。也就是说，任意两个航天器的轨道平面必然相交。所以，如果以服务航天器的停泊轨道平面为基准平面，那么，其他所有航天器的轨道平面必然都与其相交，并且每个航天器轨道在这个基准平面上的交点都位于轨道平面的交线上。显然，这个交线过地心，而交点则分布在地心两侧，如图 9.2 所示。定义这两个交点为穿越点，其中位于地心天球北半球的穿越点称为"北穿越点"，位于地心天球南半球的穿越点称为"南穿越点"。

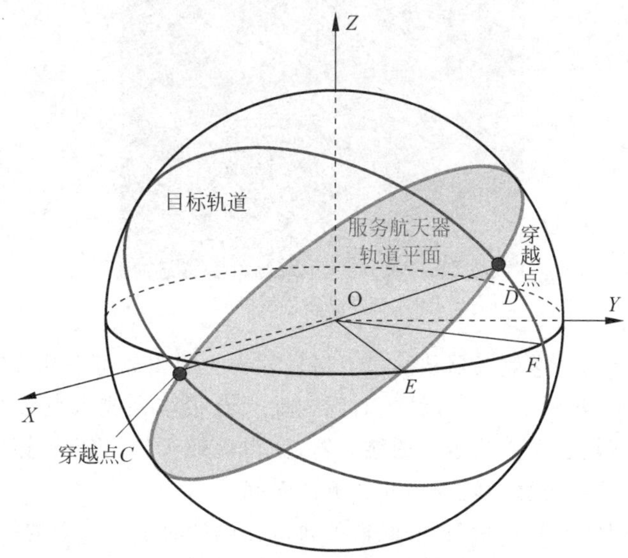

图 9.2　穿越点概念图

所有目标航天器的轨道与服务航天器的轨道平面都将形成穿越点，而当目标航天器经过穿越点时与服务航天器是共面的，基于此原理进行轨道交会，可避免改变轨道平面带来的巨大能量消耗，提高服务航天器的使用寿命。

多目标交会轨道正是利用了穿越点这一特性，将目标轨道的穿越点作为轨道交会点，将目标航天器的穿越时刻作为轨道交会时刻，从而把非共面轨道交会问题转化为共面轨道交会问题，更重要的是该方法对于目标航天器的数量和轨道分布并没有进行约束，从真正意义上实现了"一对多"的轨道交会。

9.2.3 快速响应轨道

响应是指系统在激励作用下产生的反应。响应时间是指系统从接收到激励到做出反应的时间。在航天应用领域，响应时间一般定义为从任务提出到任务要求得到满足的时间段，如从用户提出侦察任务需求，到指令上传、侦察卫星实施侦察，侦察信息回传、处理，最后将需要的侦察信息回传给用户的总时间。快速响应轨道就是针对应急空间任务需求提出的，主要针对突发性的地质灾害、地震、核泄漏、军事冲突等。

为达到快速响应的目的，快速响应轨道放弃了一般航天器轨道追求的全球覆盖，甚至轨道寿命等多个重要指标，而将其重点放在对特定空间任务的快速响应方面。典型的快速响应轨道如快速进入轨道。快速进入轨道主要用于应对对响应时间要求非常高的任务，一般为低地球轨道。其设计原理为设计轨道的星下点在入轨的第一圈即经过目标区域上空，完成侦察探测或者通信支持等任务，典型的快速进入轨道如图 9.3 所示。

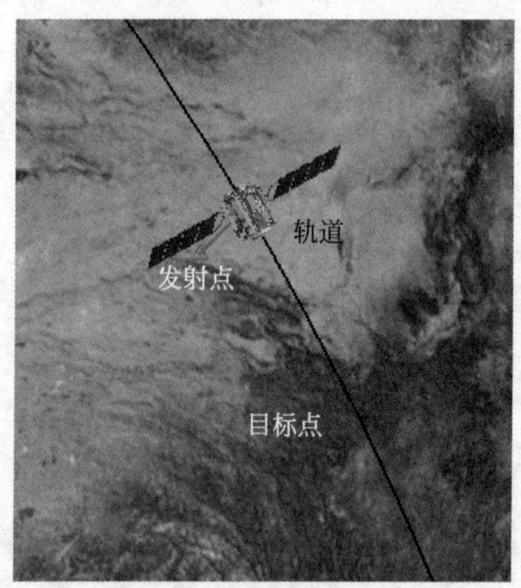

图 9.3 快速进入轨道

利用图 9.3 所示的轨道航天器从酒泉卫星发射中心起飞后可在几分钟内到达目标区域上空进行观测。当然，实际上在几分钟的时间内航天器很难完成入轨后的各项测试，因此，在实际应用中采用该轨道上逆向运行的航天器，使得该航天器可以在发射后的第一圈内完成观测，同时还能够留出足够的航天器在轨测试时间。

快速响应轨道与任务密切相关，一般这种轨道在设计时主要考虑的指标包括：

(1) 响应时间：包括从卫星准备、测试、发射到最后能够提供服务的总时间；

(2) 成本：由于快速响应航天器大部分寿命都很短，同时要求快速发射，因此一般采用的轨道都是低轨，发射成本较低；

(3) 覆盖性能：快速响应轨道是为特殊任务提出的，对目标区域的覆盖性能指标要求较高，而对其他区域则一般不作要求。

9.2.4 极地驻留轨道

极地驻留轨道是指通过轨道控制能够实现在地球南北两极上空长时间驻留的轨道。该轨道的主要性质之一是地球两极的长时间驻留，利用极地驻留轨道，单颗卫星即可实现对北半球或南半球高纬度区域（包括北极或者南极）的覆盖。

由于开普勒定律的约束，利用悬停轨道的设计理念使得航天器驻留在南北两极上空耗费的能量将非常大。Matteo 等提出利用圆型限制性三体问题，即同时借助太阳和地球的引力，再加上施加部分控制力，实现极地驻留。若采用太阳帆和电推进的动力方式，以一年为一个周期，实现极地驻留需要消耗燃料 100kg 左右，驻留位置距离地球表面 0.01～0.015 个天文单位（150 万～225 万千米）。很显然，驻留位置距离地球表面非常遥远，不利于开展对精度要求较高的侦察、遥感等任务，但可以完成一些如通信、导航等对信号强度要求较低的任务。

9.3　空间轨道技术的发展

空间特殊轨道是在航天技术不断发展、任务领域不断延伸的情况下提出的。随着空间技术的不断发展、空间应用的不断深入以及空间探索的不断前进，航天器轨道设计技术也在不断地向前推进，主要呈现以下 3 个方面的趋势。

(1) 轨道设计的目的性更强

航天发展早期，航天器一般是作为国家的战略资产研制、生产和使用的。为最大限度地发挥其作用，在设计航天器轨道时更加强调能满足多种任务需求。随着航天技术的快速发展和航天费用的不断下降，航天器在军事上从战略走向战术、民用领域的应用也更加趋向具体化，针对特定任务、特殊目的发展航天器成为现实，此时航天器轨道设计的理念就要相应地发生转变，从原来的“全局”走向“微观”。

(2) 机动性、灵活性更强

正如本章前面提到的，传统航天器的任务轨道设计中一般是不考虑轨道控制的，认为任务轨道在正常运行的过程中不需要轨道控制（轨道维持除外），而随着在轨服务不断提上日程，这样的轨道设计理念已经无法满足实际需求。未来，轨道控制必然可以作为轨道设计的一部分，这使得未来轨道的可控性更强，航天器的机动性和灵活性也将随之上一个台阶。

(3) 姿态轨道联合控制

随着航天应用层面的不断深入，未来昂贵的航天器不再是一次性产品，而是能够在轨加注、在轨维修、重复使用，甚至可以在轨组装、在轨制造等。在太空中，由于失重环境，航天器的轨道和姿态控制是交联在一起的，尤其是在使用新型的电推进、太阳帆、电磁推进等方法时，姿态和轨道将更加密不可分。

正如人类只有进入太空以后，才发现地球辐射带的存在一样，当我们在太空探索的路上不断前进时，新的发现与新的挑战将不断出现，航天器轨道的相关理论与应用也将不断发展变化。

参考文献

[1] 塞勃. 理解航天[M]. 张海云，李俊峰，译. 北京：清华大学出版社，2007.

[2] 张雅声. 弹道与轨道基础[M]. 北京：国防工业出版社，2019.

[3] 张雅声，徐艳丽，周海俊. 空间特殊轨道理论与设计方法[M]. 北京：国防工业出版社，2015.

[4] 张洪波. 航天器轨道力学理论与方法[M]. 北京：国防工业出版社，2015.

[5] 杨嘉墀. 航天器轨道动力学与控制(上)[M]. 北京：宇航出版社，2007.

[6] 郗晓宁，王威，高玉东. 近地航天器轨道基础[M]. 北京：国防科技大学出版社，2003.

[7] BATE R R. 航天动力学基础[M]. 吴鹤鸣，李肇杰，译. 北京：北京航空航天大学出版社，1990.

[8] 任萱. 人造地球卫星轨道力学[M]. 北京：国防科技大学出版社，1988.

[9] 刘林. 航天器轨道理论[M]. 北京：国防工业出版社，2000.

[10] Classification of geosynchronous objects, issue 17[R]. Paris: European Space Agency, European Space Operations Center, 2015.

[11] Union of concerned scientists. UCS Satellite Database[EB/OL]. [2020-04-30]. http://www.ucsusa.org/nuclear eapons and global security/space weapons/technical issues/ucs-satellite-database.html.

[12] HEILIGERS J, CERIOTTI M, MCINNES C R, et al. Displaced geostationary orbit design using hybrid sail propulsion[J]. Journal of Guidance, Control, and Dynamics, 2011, 34(6): 1852-1866.

[13] CERIOTTI M, MCINNES C R. An earth pole-sitter using hybrid propulsion[C]//AIAA/AAS Astrodynamics Specialist Conference, August 2-5, Toronto, Canada. Reston: AIAA, 2010: 1-29.

[14] JAMES R W. Coverage, responsiveness, and accessibility for various "responsive orbits" [C]//3rd Responsive Space Conference, April 25-28, Los Angeles, USA. Reston: AIAA, 2005.

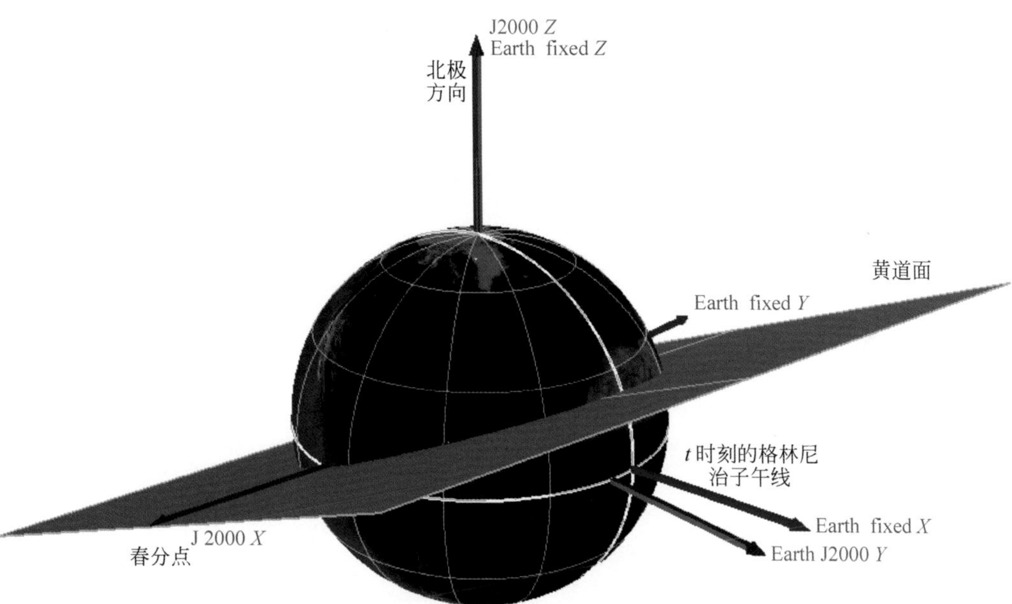

图 1.3 地心坐标系的相关矢量

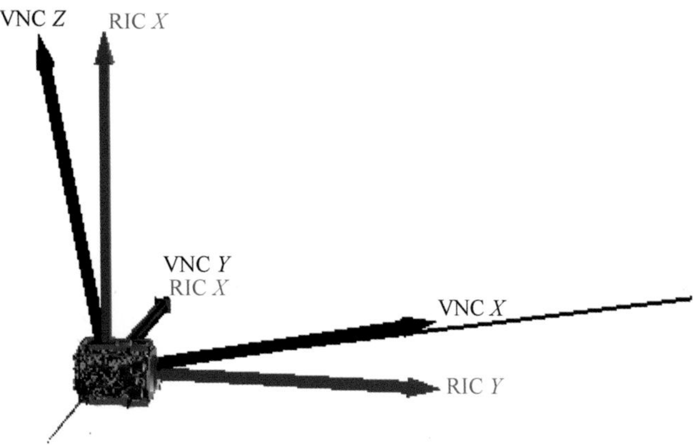

图 1.7 RIC 轨道坐标系与 VNC 坐标系

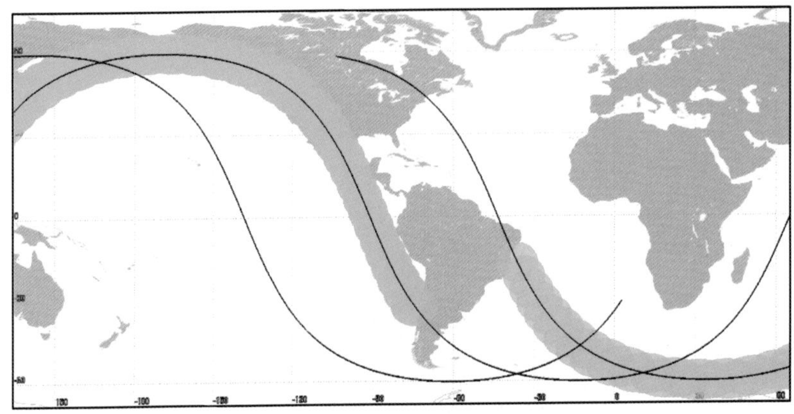

图 2.15　航天器的覆盖带

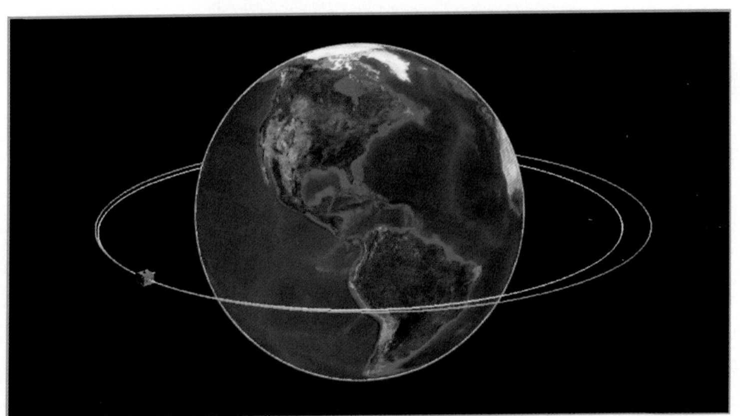

图 5.5　轨道改变

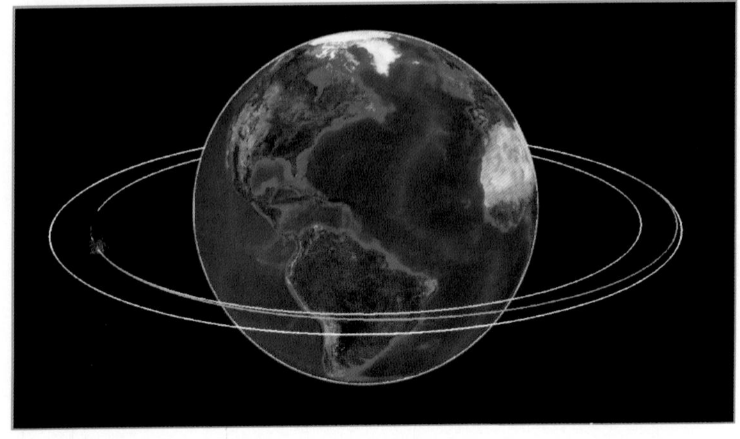

图 5.6　轨道转移

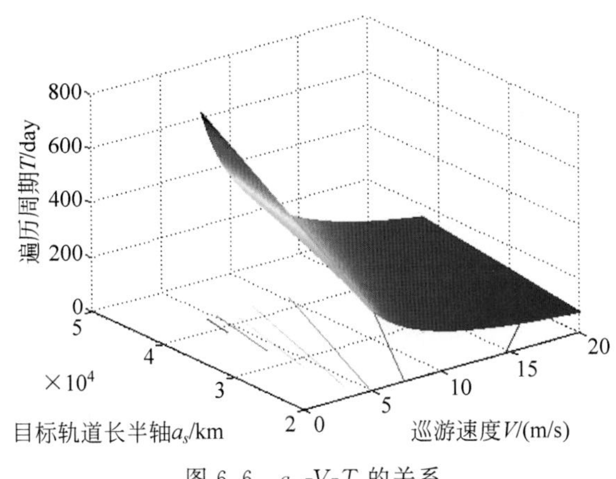

图 6.6 a_s-V-T 的关系

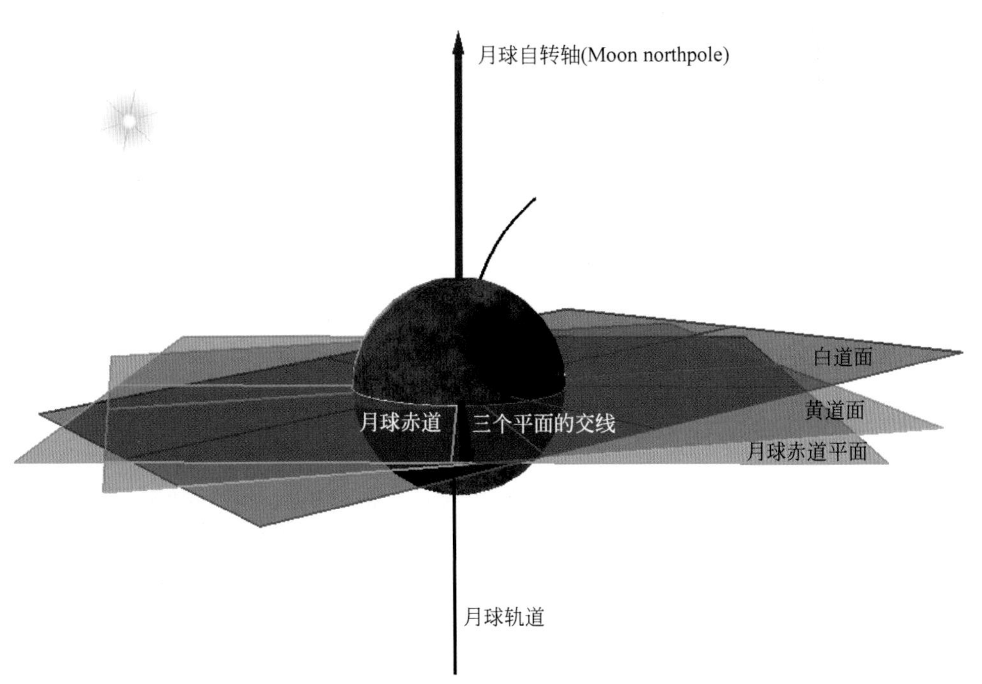

图 8.5 月球赤道面、黄道面和白道面之间的关系